DESIGN SIXTEEN DAYS

ADMISSION GUIDE OF DOMESTIC AND FOREIGN ACADEMY OF FINE ARTS

设计十六日

国内外美术院校报考指南

沈海泯　著

中国美术学院出版社

目 录
CONTENTS

探访国内名校

一
九大美院

审图号：GS(2016)2923号
国家测绘地理信息局 监制

地图下载于标准地图服务系统（国家测绘地理信息局）。

1. **中央美术学院** Central Academy of Fine Arts
2. **中国美术学院** China Academy of Art
3. **清华大学美术学院** Academy of Arts & Design, Tsinghua University
4. **四川美术学院** Sichuan Fine Arts Institute
5. **鲁迅美术学院** Luxun Academy of Fine Arts
6. **广州美术学院** Guangzhou Academy of Fine Arts
7. **西安美术学院** Xi`an Academy of Fine Arts
8. **天津美术学院** Tianjin Academy of Fine Arts
9. **湖北美术学院** Hubei Academy Of Fine Arts

1. 中央美术学院 Central Academy of Fine Arts

官方网址：http://www.cafa.edu.cn/
院校地址：北京市朝阳区花家地南街 8 号（望京校区）
河北省三河市燕郊经济开发区燕顺路 18 号（燕郊校区）
北京市顺义区后沙峪镇裕民大街 1 号（后沙峪校区）
考试时间：3 月初

录取原则

（一）中央美术学院根据考生文化课、专业课的考试成绩，政治思想品德考察及体检情况全面衡量，择优录取。

（二）所有专业考生文化课成绩总分将进行统一折算，并按折算后的文化课相对成绩文理科统一划线录取（考生相对成绩 = 考生文化课成绩总分 ÷ 考生所在省本科（文 / 理）一批线 ×100）。

录取办法

（一）按专业成绩排名录取：造型艺术、中国画、书法学、实验艺术、艺术设计、城市艺术设计专业合格考生，文化课相对成绩达到我校规定的最低分数要求，依据专业成绩排名录取。各专业实际录取的专业名次由文化课相对成绩达到要求的考生按专业名次由前到后自然排序产生。按专业排名各专业最后名次并列且招生计划不足时，以文化课相对成绩排队录取。

（二）按文化课成绩排名录取：建筑学、美术学、艺术学理论专业成绩合格考生，依据考生高考文化课相对成绩文理科统一排队，择优录取。文化课成绩并列且招生计划不足时，按专业名次排队录取。建筑学专业每个省录取人数原则上不超过 12 人，美术学、艺术学理论专业每个省录取人数原则上不超过 8 人。

录取控制线划定办法

（一）造型艺术、中国画、书法学、实验艺术、城市艺术设计专业考生文化课相对成绩为 75 分。

（二）艺术设计专业考生文化课相对成绩为 80 分。

（三）美术学、艺术学理论、建筑学专业录取控制线不低于生源所在地本科二批录取控制线，文化课分数线由专业合格考生按相对成绩排序产生。

录取分数线分省情况说明

（一）对于艺术类高考满分与普通类高考满分分值不一样的省份，一本参考线折算办法：一本参考线 = 普通类一本线 × 艺术类高考满分 ÷ 普通类高考满分。

（二）合并高考批次的省份计算相对成绩折算时一本参考线使用自主招生批次控制线。

（三）艺术类考生不分文理的省份，一本参考线使用普通类文科一本线。

（四）高考综合改革试点省市选测科目不限。

（五）中央美术学院录取江苏省考生时，各专业对学业水平测试成绩有不同要求：建筑学、美术学、艺术学理论专业须达到 2A4B1 合格，其他专业须达到 2B4C1 合格。

（六）海南省计算相对成绩折算时使用标准分。

（七）若有省市招生政策调整，则考生的相对成绩将按照生源所在省市的招生办法进行折算。具体折算办法由学校本着择优录取且对统一考取全体考生公平公正的原则确定。

中央美术学院2018年本科招考方向				
学 院	专业	学制（年）	招生人数	考试科目
中国画学院	中国画	4	35人	①书法创作：《自作咏春七绝一首》1小时 ②速写：1小时 青年女子持拖布连续擦地动态及站立静态动作 ③线描：《线描人物半身写生》3小时 ［画法要以线为主，稍加皴擦（结构）］
	书法学	4	10人	①书法临摹：3小时　②书法创作：3小时
造型学院	造型艺术（绘画）	4	120人	①素描：《画女模特全身肖像》6小时 ②色彩：《男模特大半身像》3小时 ③命题速写：《三人或三人以上人物动态组合关系》3小时
	造型艺术（雕塑）	5		
设计学院	艺术设计	4	150人	①造型基础：《幸福指数》3小时 根据阅读材料，把调查报告里所提到的幸福指数变量，如收入、健康、陪伴、自由、信任，作为关键词以造型语言的方式完成五幅草图，并选择二幅完成正稿。 ②设计基础：《幸福指数》4小时 根据材料，把所提到幸福指数变量作为依据，再结合个人化的幸福成长经验或关于未来幸福的想象，完成一幅个性化的幸福指数图表设计
建筑学院	建筑学	5	80人	①造型基础：《梵高的房间》3小时 请根据以下文字线索，画出你想象中梵高的房间。阅读与理解所有的文字提示，通过自己的记忆与想象，将房间中所有物品构思于画面，完成一幅色彩绘画创作。 ②设计基础：《漂浮》3小时
实验艺术学院	实验艺术	4	36人	①造型能力：《剪纸的手》3小时 ②命题创作：《谁将与人做伴？》3小时 世界上最短科幻小说："世界上的最后一个人，突然听见了敲门声。"请合理推理和想象，设想这篇"科幻小说"的场景，设想这个情景发生的原因和情节及其后续发展，续写这个故事，并用一个或一组画面表现出这个故事。 ③美术鉴赏与思维活力：3小时
城市设计学院	城市艺术设计	4	300人	①造型基础：3.5小时《动态延伸》 考题一：以写实的手为主体，要求画面出现一只或两只手。手握住一个现实生活中的物体，形成和谐的画面关系。 考题二：根据考题一中手握住物体的关系，延伸完成一张全身速写，速写中人物的手的姿势可以是考题一中手的姿势的动作延续。 考题一占左侧1/2，考题二占右侧。 ②设计基础：3小时《未来已来》
人文学院	美术学	4	50人	美术鉴赏：3小时
艺术管理与教育学院	艺术学理论	4	30人	美术鉴赏：3小时

2. 中国美术学院 China Academy of Art

官方网址：http://www.caa.edu.cn/index.html
院校地址：杭州市上城区南山路218号（南山校区）
杭州市西湖区转塘镇象山352号（象山校区）
杭州市余杭区西湖区良渚街道古敦道南（良渚校区）
上海市浦东新区春晓路109号（张江校区）
考试时间：2～3月（元宵前后）

录取原则

一、中国美术学院属于专业考试自主命题的艺术院校。根据教育部规定，考生的报考专业如为所在省统考范围内的专业，应先参加所在省统考，省统考合格后，参加中国美术学院自主命题的专业考试成绩才有效，中国美术学院将按考生所在省的专业要求执行。

二、报考中国美术学院的全国考生均按中国美术学院划定的文化课最低控制线进行录取，中国美术学院将参考浙江省普通类二段线的65%自主划定文化课录取最低控制线。中国美术学院遵循考生专业志愿，中国美术学院优先录取第一专业志愿的考生，如招生计划未完成的依次从第二志愿、第三志愿考生中择优录取，按此录取仍未完成该专业招生计划的，由中国美术学院招生委员会调剂录取。

三、中国美术学院不限生源省份，不限男女生录取比例。中国美术学院对福建省、广东省等省份，因实行“一档多投”而流失的拟录取计划，按相同专业的排名情况从高分到低分进行替补。替补时，如遇部分省份已经录取结束，则此部分的计划将从浙江省生源中录取。

四、外语语种不限。中国美术学院在本科教学中，仅使用英语教材和英语教学，请非英语语种的考生慎重报考。

五、中国美术学院所有专业不区分文理科按统一标准录取。对于实行新高考改革试点省份，中国美术学院所有专业对考生选考科目均不限。中国美术学院自主命题的专业考试分数合格，且高考文化课成绩（不分省份，按高考文化课成绩满分750分计算，满分不是750分的折算成750分）达到最低分数线后，按以下录取规则择优录取：

1. 建筑学专业、艺术学理论类专业：按高考文化课成绩总分排名，从高分到低分顺序录取。录取时，当文化总分排名并列时，分别以语文成绩、外语成绩、数学成绩次序，单科高者优先。

2. 其他专业（类）：以专业成绩和高考文化课成绩折算综合分，按综合分排名从高分到低分顺序录取。录取时，当综合分排名并列时，专业课成绩高者优先录取。

*综合分折算公式：综合分 = 专业成绩总分 ÷ 专业成绩满分 ×60 + 高考文化课成绩总分 ÷ 高考文化课满分 ×40

中国美术学院2018年本科招考方向							
专业名称及国标代码	专业代码	专业（类）方向★	计划人数	学制	考试科目		
					科目一 上午2.5小时 （满分100分）	科目二 下午3小时 （满分100分）	科目三 下午1小时 （满分60分）
中国画 130406	01	中国画一	20	4年	命题创作	中国画基础	书法
	02	中国画二	18	4年	线描人物写生	素描写生	速写
书法学 130405	03	书法与篆刻	17+1★	4年	书法创作	篆刻创作★	古汉语
艺术学理论类 1301	04	艺术理论类、良渚校区艺术设计学	134	4年	素质测试★ （3小时，200分）	赏析与写作★ （2小时，60分）	
美术学类 1304	05	造型艺术类	367	4—5年	色彩	素描写生	速写
设计学类 1305	06	设计艺术类	448	4年	色彩	素描写生	速写
戏剧与影视学类 1303	07	图像与媒体艺术类	225	4年	色彩	素描写生 （线性）★	速写
建筑学 082801	08	建筑艺术、城市设计	65	5年	色彩	素描写生	速写
环境设计 130503	09	景观与环艺类	50	4年	色彩	素描写生	速写
录音艺术 130308	10	录音艺术	15	4年	仅在杭州考点设立考场，具体报名及考试办法另行通知（3月中上旬）		
设计学类 1305	11	良渚校区	295	4年	色彩	素描写生	速写

★注：
1. 书法学（书法与篆刻）专业考试科目二“篆刻”考试所需篆刻工具由考生自备。
2. 艺术学理论类专业的素质测试科目：旨在测试考生中学阶段所学语文、数学、英语知识的掌握及艺术素养；赏析与写作科目：旨在考查学生的写作能力以及对艺术作品的分析和鉴赏能力。
3. 素描写生（线性），是指以线性表达为主的素描写生方式描绘客观对象。
4. 2018年中国画一、书法学、艺术学理论类、录音艺术仅杭州考点接收该专业报考，其余专业杭州、郑州、成都、深圳考点均接收报考。
5. 书法学（书法与篆刻）专业中计划“+1”指1名2017年招生2018年入学的新疆预科生计划。

3. 清华大学美术学院 Academy of Arts & Design，Tsinghua University

官方网址：http://www.tsinghua.edu.cn/publish/ad
院校校址：北京市海淀区双清路 30 号清华大学校内
考试时间：2 月

录取原则

一、在思想政治品德考核和身体健康状况检查均符合标准，专业课校考且省级美术专业统考合格（艺术史论专业依据各省相关文件要求执行）的情况下，清华大学美术学院将根据考生文化课、专业课考试成绩，按下列办法择优录取。

（1）设计学类

语文、外语单科成绩达到我院规定的最低分数线，按照综合成绩（文理科统一划线）从高到低顺序录取（综合成绩相同且计划余额不足时，则依次按照专业课总分、素描、色彩、速写分数择优录取）。

$$综合成绩=\frac{专业课成绩}{专业入围线}\times 100+\frac{文化课成绩}{所在省本科（文/理）一批线}\times 100$$

（2）美术学类

语文、外语单科成绩达到我院规定的最低分数线，文化课相对成绩达到 75（文理科统一划线），再按照专业课成绩从高到低顺序录取（专业课成绩相同且计划余额不足时，则依次按照文化课相对成绩、语文、数学、外语分数择优录取）。

$$文化课相对成绩=\frac{文化课成绩}{所在省本科（文/理）一批线}\times 100$$

（3）艺术史论专业

按照文化课相对成绩排序，从高到低顺序录取（文化课相对成绩相同且计划余额不足时，则依次按照语文、数学、外语分数择优录取）。

$$文化课相对成绩=\frac{文化课成绩}{所在省本科文史类一批线}\times 100$$

注：

① 艺术类与普通文理类文化课满分值不同的省份，省本科（文 / 理）一批线按照相应比例折算（四舍五入取整数）。

② 合并一二本科批次的省份一批线参照省相关文件执行。

③ 专业课折算成绩、文化课相对成绩均四舍五入保留到小数点后两位。

二、关于设计学类及美术学类单科成绩规定

报考设计学类的考生，语文和外语成绩均要求不低于 90 分（150 分制）；报考美术学类的考生，语文成绩要求不低于 80 分（150 分制），外语成绩要求不低于 70 分（150 分制）。特别的，单科成绩不过线且单科分差不超过 5 分的考生也可以报考，但须从文化课总成绩中减去一定分数后再参与排序。单科成绩每相差 1 分，文化课成绩（750 分制）减去 5 分，以此类推，文化课成绩最多减 50 分。最终综合成绩及文化课成绩仍在录取线之上的予以录取。

注：单科满分值不为 150 分制或文化课满分值不为 750 分制的省份，相应单科线及文化课成绩所减分数按相应比例折算。

三、各省录取比例：①设计学类及美术学类：北京市录取人数占各专业全国招生计划的15%，即设计学类录取26人，美术学类录取8人。其他省录取人数占各专业全国招生计划的85%，即设计学类录取144人，美术学类录取47人。其中每个省录取人数设计学类不超过26人，美术学类不超过8人，超过上限的省份单独划定录取线。②艺术史论：全国统一录取，其中每个省录取人数不超过2人，超过上限的省份单独划定录取线。

清华大学美术学院2018年本科招考方向

招生专业	招生人数	专业名称	名额	考试科目及满分值	招收学科	学制	各专业考题
设计学类 1305	170	服装与服饰设计	15	1. 素描 （250分） 2. 速写 （250分） 3. 色彩 （250分）	文理兼收	四年	1. 考试科目： 色彩（命题创作）：水果摊一角 素描（命题创作）：双肩背书包 速写（命题创作）：自拍 2. 考试时间： 素描和色彩为3小时，命题速写为1小时。 3. 考试用具： 素描（黑色铅笔或炭笔） 色彩（水粉或水彩） 速写（黑色铅笔或炭笔） 4. 试卷规格：8K
		陶瓷艺术设计	10				
		视觉传达设计	30				
		环境设计	30				
		产品设计	15				
		产品设计（交通工具造型设计）	15				
		产品设计（染织艺术设计）	15				
		艺术与科技（信息设计）	10				
		动画	10				
		工艺美术（纤维艺术）	10				
		工艺美术（玻璃艺术）	10				
美术学类 1304	55	绘画（中国画）	10	1. 素描 （250分） 2. 速写 （250分） 3. 色彩 （250分）			1. 考试科目： 色彩（人物写生）：写生男青年胸像 素描（人物写生）：写生男青年半身像 速写（命题创作）：场景速写 2. 考试时间： 素描和色彩为3小时，命题速写为1小时 3. 考试用具： 素描（黑色铅笔或炭笔） 色彩（水粉或水彩） 速写（黑色铅笔或炭笔） 4. 试卷规格：4K
		绘画（油画）	10				
		绘画（版画）	10				
		雕塑	15				
		摄影	10				

续表

清华大学美术学院 2018 年本科招考方向							
艺术史论 130101	15	艺术史论	15	文化测试 （300 分） 作品评析 （100 分）	文科	四年	1. 考试科目： 文化测试（语数外） 作品评析 2. 考试时间： 文化测试为 3 小时，作品评析为 2 小时。 3. 考试用具： 钢笔或签字笔
合计	240	专业考试期间食宿和交通费用自理，考试用具（颜料、画笔、画板等）考生自备，考试纸张由学院统一提供。					
备注	1. 学校招生代码：10003。 2. 学院面向全国招生，不编制分省分专业招生计划，招生人数共计 240 名。 3. 填报专业方向志愿规定： 选报设计学类的考生，限定在所属的 11 个专业中选报 1 ～ 3 个，同时须注明是否同意在设计学类内服从调配； 选报美术学类的考生，限定在所属的 5 个专业中选报 1 ～ 3 个，同时须注明是否同意在美术学类内服从调配； 选报艺术史论专业的考生，专业只能填报“艺术史论”。 4. 摄影专业按照美术学类招生，入学后在信息艺术设计系培养。						

4. 四川美术学院 Sichuan Fine Arts Institute

官方网址：http://www.scfai.edu.cn/
学校校址：重庆市九龙坡区黄桷坪正街 108 号（黄桷坪校区）
　　　　　重庆市沙坪坝区虎溪大学城（虎溪校区）
考试时间：省外 1 月底，省内 3 月初

录取原则

在政治思想品德考核和体检合格的情况下，四川美术学院根据考生专业课成绩、文化课成绩和所填志愿，全面衡量，择优录取。

1. 造型类、设计类、书法类专业：文化课成绩总分和专业课成绩总分达到学校划定的分数线，按综合分排名，择优录取（外语单科成绩不作要求）。

综合分计算方法：文化成绩 ÷7.5×30%＋专业成绩 ÷3×70%（文化成绩满分按 750 分计）。

江苏省综合加权分计算方法：文化课总分 ÷4.4×30%+ 专业课总分 ÷3×70%= 录取加权总分

2. 理论类（美术学、艺术史论、艺术设计学专业），专业考试合格，文化成绩总分达到学校划定的分数线，按高考文化成绩从高到低择优录取（外语单科成绩不作要求）。

3. 普通类（工业设计、建筑学、风景园林和艺术教育专业）：文化课成绩总分达到学校划定的分数线后，按照文化成绩总分从高到低择优录取（外语单科成绩不作要求）。原则上文化课成绩应达到考生所在省二本文理科最低控制分数线。因录取名额限制，在文化成绩相同时，根据考生志愿，工业设计、建筑学、风景园林专业优先录取数学成绩较高者，艺术教育优先录取语文成绩较高者。

四川美术学院本科专业设置（大学城校区）						
考试类别	专业名称	专业方向	学制（年）	招生计划	所在院系	考试科目
理论类	美术学	美术史论	4	30	美术学系	美术常识和鉴赏（2小时）
	艺术史论	艺术策划与管理	4	30		
		艺术与文化遗产	4	30		
	艺术设计学	设计史论	4	30	设计艺术学院	
		设计策划与管理	4	30		
书法类	书法学	书法	4	25	中国画系	①书法临摹：1.5小时，四尺对开 ②书法创作：1.5小时，四尺对开 ③印稿设计：2小时，8k
造型类	中国画	中国画	4	50		贵州考点： ①素描：《石膏头像素描》，3小时，8k ②色彩：《静物》画黑白照片，一根红色哈达，一把带嘴铜壶、一只铜杯、一个白色瓷盘、两支香蕉、一串葡萄（三颗葡萄洒在白色瓷盘外）、两个脐橙、两个小桔子、一个苹果、一个梨。3小时，8k ③命题人物组合：根据古诗《村居》描述的情节作画。1小时，8k
	绘 画	油 画	4	60	油画系	
		版 画	4	60	版画系	
		综合艺术	4	40	美术教育系	
		水彩画	4	25		
	雕 塑	雕 塑	5	54	雕塑系	
	动 画	影视动画设计	4	54	影视动画学院	
		互动媒体设计	4	27		
		动漫产品设计	4	27		
	戏剧影视美术设计	戏剧影视美术设计	4	27		
	影视摄影与制作	影视制作艺术	4	27		
	摄 影	摄影	4	25	新媒体艺术系	
	实验艺术	实验艺术	4	50		
设计类	工艺美术	工艺美术	4	108	手工艺术学院	四川考点： ①素描静物：根据图片（一把胶枪）画素描。从主视图、俯视图、侧视图三个不同角度作画，组合完成一幅素描。2.5小时，8k ②色彩：按照提供的图片（数个随意堆放的纸箱）。2小时，8k ③设计基础：热辣生活（以饮食文化中的“大锅”为主题来源）。1.5小时8k
	视觉传达设计	视觉传达设计	4	54	设计艺术学院	
	环境设计	环境设计	4	81		
	产品设计	产品设计	4	27		
	服装与服饰设计	服装与服饰设计	4	54		
	数字媒体艺术	数字媒体艺术	4	27		

续表

四川美术学院本科专业设置（大学城校区）						
普通类	工业设计	工业设计	4	30	设计艺术学院	考生不需要参加专业考试，在高考后志愿填报我校即可（不限于艺术考生），具体录取批次及招生计划以各省招生专业目录为准。
	艺术教育	美术教育	4	25	美术教育系	
		设计教育	4	50		
	建筑学	建筑设计	5	50	建筑艺术系	
	风景园林	风景园林	4	25		

四川美术学院本科专业设置（黄桷坪校区）						
考试类别	专业名称	专业方向	学制(年)	招生计划	所在院系	考试科目
造型类	绘 画	公共绘画	4	60	公共艺术学院	同 前
设计类	公共艺术	城市艺术工程	4	30		
		城市空间设计	4	30		
		陈设艺术设计	4	30		
	艺术与科技	游戏艺术设计	4	30		
		照明艺术设计	4	60		
		展示艺术设计	4	30		
备注： 1. 专业考试各科目分值为100分，造型类、设计类、书法类满分为300分，理论类满分为100分。 2. 造型类、设计类、理论类、书法类仅限艺术考生报考，符合报考条件的考生可报考其中一类，也可兼报，兼报须分别参加所报类别的专业考试。						

5. 鲁迅美术学院 Luxun Academy of Fine Arts

官方网址：http://www.lumei.edu.cn
学校校址：辽宁省沈阳市和平区三好街十九号（沈阳校区）
　　　　　辽宁省大连市金石滩金石路 39 号（大连校区）
考试时间：省外 1 月底，省内 3 月初

录取原则

（一）录取原则：根据考生政治思想素质、身体素质、专业考试成绩及高考文化课成绩全面衡量，择优录取。

（二）综合分计算办法及文化课最低控制线。

类别	综合分计算公式	文化课最低控制线	备注
美术学类、戏剧与影视学类	考生专业总分	350 分	文化课按满分 750 分计
设计学类、书法学专业	考生专业总分 ×80% ＋考生文化总分 ×20%	350 分	
中外合作办学项目	考生专业总分＋考生文化总分	380 分	
美术学专业	考生文化课总分	350 分	

（三）录取办法：

1. 依据分数优先原则，文理科考生按综合分从高到低统一排名，按照考生填报的高考志愿顺序录取（考生须严格按照所报校考志愿范围内填报高考志愿）。

2. 认可省招考委关于加降分的相关规定但按照各省原始分录取。高考报名的考生中各专业成绩排名第一的辽宁省考生、外省考生文化课总分最低控制线可降 5 分参加排队录取（不包括美术学专业）。

3. 录取过程中如果出现并列情况：

美术学类、戏剧与影视学类录取文化课总分高的考生；如文化课总分并列，按照语文、数学、外语分数优先录取。

设计学类、书法学专业、中外合作办学项目录取专业课总分高的考生；如专业课总分并列，按照语文、数学、外语分数优先录取。

美术学专业按照语文、数学、外语分数优先录取。

4. 凡被录取的新生，鲁迅美术学院于 7 月份发放录取通知书。

鲁迅美术学院2018年本科招考方向				
招生类别	专业	学制（年）	考试科目	各专业考题
美术学类	中国画	四	1. 素描半身像 2. 创意色彩（静物） 3. 命题速写	①科满分均为100分 ②考试时间： 素描半身像和创意色彩为3小时，命题速写为1小时。 ③考试用具：素描（黑色铅笔或炭笔）、色彩（水粉或水彩）、速写（黑色铅笔或炭笔） ④动画和戏剧影视美术设计专业办学地点在大连
	雕塑	五		
	绘画	四		
	摄影	四		
戏剧与影视学类	动画	四		
	戏剧影视美术设计	四		
	影视摄影与制作	四		
设计学类	环境设计	四	1. 素描静物 2. 创意色彩（静物） 3. 创意设计	①素描静物和创意色彩满分均为75分，创意设计满分150分。 ②素描静物：人像产品设计模型、一个漏斗、一把锤子。时间：2小时 创意色彩：一个放盘子的陶罐、一茶壶、一仙人球盆景、一个玩具模型。时间：2小时 创意设计：《数字化生活》。时间3小时 ③考试用具：素描（黑色铅笔或炭笔）、色彩（水粉或水彩）、设计（水粉、水彩、马克笔、彩色铅笔） ④视觉传达设计、工艺美术、数字媒体艺术专业办学地点在大连
	服装与服饰设计	四		
	产品设计	四		
	视觉传达设计	四		
	工艺美术	四		
	数字媒体艺术	四		
书法学专业	书法学	四	1. 楷书或行书 2. 篆书或隶书 3. 命题创作	①每科满分均为100分 ②考试时间：每科均为2小时 ③其中1、2为临摹
中外合作办学项目	中日合作 服装与服饰设计	四	创意设计	①满分为100分 ②考试时间：3小时 ③考试用具：设计（水粉、水彩、马克笔、彩色铅笔） ④办学地点均在大连
	中英合作 数字媒体艺术			
美术学专业	美术学	四	①考生须参加生源所在地美术类统考且成绩合格 ②须按我院招生简章规定的程序报名并网上确认	

6. 广州美术学院 Guangzhou Academy of Fine Arts

官方网址：http://www.gzarts.edu.cn/

院校地址：广州市海珠区昌岗东路 257 号美术学院（本部校区）

广州市番禺区大学城外环西路 168 号（大学城校区）

考试时间：1 月

录取原则

一、广东省：

（1）工业设计、建筑学、风景园林专业招收普通类理科生，艺术教育专业招收普通类文科生，其他美术类各专业文理兼招。

（2）美术学（美术教育）专业：考生需参加广东省美术术科统考，统考专业成绩和文化成绩达到广东省美术类本科院校录取分数线，在投档考生中按艺术类统考专业投档总分从高到低择优录取。

（3）艺术教育专业：考生需参加广东省美术术科统考，统考专业成绩达 200 分（以满分 300 分计算），文化成绩达到广东省本科文科分数线，根据考生文化成绩从高到低，从普通文科类择优录取。如文化成绩相同，按文化成绩排位先后录取。

（4）美术学专业（美术史、艺术管理与策划培养方向）：考生需参加广东省美术术科统考，并取得合格证，校考专业成绩（即参加“美术知识与作品赏析”科目考试成绩）和文化成绩达到我校录取最低控制线，根据考生文化成绩从高到低，择优录取。如文化成绩相同，则文科生优先；如同是文科生（或理科生），按文化成绩排位先后录取。

（5）工业设计、建筑学、风景园林专业：考生不需参加专业考试，文化成绩达到广东省本科理科分数线，根据考生文化成绩从高到低，从普通理科类择优录取。如文化成绩相同，按文化成绩排位先后录取。录取专业的确定，按文化成绩优先，遵循专业志愿顺序的原则。

（6）书法学专业：文化成绩参照广东省美术类本科院校录取分数线，由我校自行划定。校考专业成绩和文化成绩达到我校规定的录取最低控制线，根据考生综合分从高到低，择优录取。如综合分相同，则按专业成绩择优录取。综合分计算公式：专业成绩 ×70%+ 文化成绩 ×30%。

（7）其他美术类各专业：文化成绩参照广东省美术类本科院校录取分数线，由我校自行划定。校考专业成绩和文化成绩达到我校规定的录取最低控制线，根据考生综合分从高到低，择优录取。如综合分相同，则按专业成绩择优录取。在综合分达到录取条件后，各专业优先录取第一志愿考生。若考生未被录取至第一专业志愿，则按综合分优先，遵循专业志愿顺序的原则，确定录取专业。综合分计算公式：专业成绩 ×70%+ 文化成绩 ×30%。

（8）当考生未被录取至填报的专业志愿时，按各专业录取原则调剂到未满额且考生符合录取要求的专业，若考生不服从专业调剂，将予以退档。

二、广东省外：

（1）工业设计、建筑学、风景园林专业在江苏、浙江、湖南、湖北四省招收普通类理科生。艺术教育专业在湖南、江西两省招收普通类文科生。其他美术类各专业文理兼招。

（2）美术学专业（美术史、艺术管理与策划培养方向）：考生需参加各生源省美术术科统考，并取得合格证（未组织美术术科统考的省份除外），校考专业成绩（即参加“美术知识与作品赏析”科目考试成绩）和文化成绩达到我校规定的录取最低控制线，根据考生文化成绩从高到低，择优录取。如文化成绩相同，则文科生优先。同一省份，美术学专业录取人数总和不超过 4 人。

（3）工业设计、建筑学、风景园林专业：考生不需参加专业考试，文化成绩达到考生所属省份的普通理科类本科分数线，根据考生文化成绩从高到低，从普通理科类择优录取。如文化成绩相同，按各省的文化成绩排位先后录取。录取专业的确定，按文化成绩优先，遵循专业志愿顺序的原则。具体录取批次以各省招生专业目录为准。

（4）艺术教育专业：考生需参加各生源省美术术科统考，统考专业成绩达200分（以满分300分计算），文化成绩达到考生所属省份的普通文科类本科分数线，根据考生文化成绩从高到低，从普通文科类择优录取。如文化成绩相同，按各省的文化成绩排位先后录取。具体录取批次以各省招生专业目录为准。

（5）书法学专业：校考专业成绩和文化成绩达到广州美术学院规定的录取最低控制线，根据考生综合分从高到低择优录取。如综合分相同，则按专业成绩择优录取。综合分计算方法：文化总分 ÷ 文化满分 ×30+ 专业总分 ÷ 专业满分 ×70。

（6）其他美术类各专业：校考专业成绩和文化成绩达到广州美术学院规定的录取最低控制线，根据考生综合分从高到低择优录取。如综合分相同，则按专业成绩择优录取。在综合分达到录取条件后，各专业优先录取第一志愿考生。若考生未被录取至第一专业志愿，则按综合分优先，遵循专业志愿顺序的原则，确定录取专业。同一省份，录取人数总和不超过45人。综合分计算方法：文化总分 ÷ 文化满分 ×30+ 专业总分 ÷ 专业满分 ×70。

（7）当考生未被录取至填报的专业志愿时，按各专业录取原则调剂到未满额且考生符合录取要求的专业，若考生不服从专业调剂，将予以退档。

（8）广州美术学院在上海、浙江的选考科目要求按照（提前）公布的选科要求执行，在一市一省的录取原则按照在上海、浙江公布的方案及有关办法执行。

在江苏省普通类专业的录取规则：在投档考生中，按先分数后等级的原则，根据考生文化成绩从高到低，择优录取。如文化成绩相同，按选测科目等级排序择优录取（等级顺序为 $A^{+}A^{+} \rightarrow A^{+}A \rightarrow A^{+}B^{+} \rightarrow AA \rightarrow A^{+}B \rightarrow AB^{+} \rightarrow A^{+}C \rightarrow AB \rightarrow B^{+}B^{+} \rightarrow AC \rightarrow B^{+}B \rightarrow B^{+}C \rightarrow BB \rightarrow BC$）。录取专业的确定，按文化成绩优先，遵循专业志愿顺序的原则。

广州美术学院2018年本科招生计划						
专业名称	招考方向	年制	广东省招生数	广东省外招生数	所属院系	考试科目
美术学		4	54	14	艺术与人文学院	美术知识与作品鉴赏：2小时 需获省美术统考合格证，满分100分 ①客观题60分：美术作品及美术史上重要风格流派和现象有一定认知理解 ②主观题40分：800～1000字作品赏析
绘画	油画	4	30	8	油画系	重庆考点： ①素描：2小时30分钟（8K） 人物头像造型（根据文字描述塑造中年男子头像造型） ②色彩：3小时（8K） 色彩静物造型，以考场提供的静物和图片为内容，自行组合构图完成，不得改变或增减静物的品种和数量 图中静物品种和数量为：1）洗发液（白底带标签）1瓶；2）黄色塑料刷子1个；3）黑色梳子1把；4）牙膏（颜色自定）1支；5）透明玻璃杯1个；6）牙刷（颜色自定）2把。 ③速写：1小时（8K） 人物场景组合 郑州考点： ①素描：2小时30分钟（8K） 50多岁中老年人 ②色彩：3小时（8K） 透明玻璃杯、两把牙刷、一支牙膏、刷子、洗发水 ③速写：1小时（8K） 车站一角，不少于3个人 素描、色彩、速写满分各100分
	材料与油画修复	4	5	2		
	版画	4	40	10	版画系	
	插画	4	20	5		
	水彩	4	32	8	美术教育学院	
	漆艺	4	16	4		
雕塑		5	32	8	雕塑系	
	公共雕塑	5	14	4		
中国画		4	30	7	中国画学院	
	壁画	4	12	3		
实验艺术		4	20	5	实验艺术系	
视觉传达设计		4	48	12	视觉艺术设计学院	
动画		4	44	11		
数字媒体艺术		4	32	10		
工艺美术		4	81	20	建筑艺术设计学院	
环境设计	环境艺术设计	4	34	9		
	装饰艺术设计	4	19	5		
产品设计	交互设计	4	19	5	工业设计学院	
	染织艺术设计	4	19	5		
		4	41	11		
服装与服饰设计		4	37	9		
摄影	摄影与数码艺术	4	16	4	美术教育学院	
艺术与科技	展示艺术设计	4	16	4		
	会展艺术设计	4	16	4		

续表

广州美术学院2018年本科招生计划						
戏剧影视美术设计		4	16	4	美术教育学院	同重庆考点
书法学		4	10	5	中国画学院	①书法；②线描；③篆刻；
美术学	美术教育	4	60	--	美术教育学院	仅招广东省考生，需参加广东省美术术科统一考试，不参加校考
艺术教育		4	15	5	美术教育学院	仅招广东、湖南、江西省文科类考生
工业设计		4	16	8	工业设计学院	仅招广东、湖南、湖北、江苏和浙江省普通理科类考生
建筑学		5	33	10	建筑艺术设计学院	
风景园林		4	18	5		

7. 西安美术学院 Xi'an Academy of Fine Arts

官方网址：http://www.xafa.edu.cn
院校地址：西安市含光南路 100 号（西安校区）
　　　　　西安市临潼区秦陵南路 53 号（临潼校区）
考试时间：3 月初

录取原则

（一）第一院校志愿报考我院的考生，政治思想品德考核和体检合格，文化成绩、专业成绩全面衡量，按照高考第一专业志愿优先原则择优录取。

（二）设计类、造型类专业课满分为 300 分，其中：素描占 100 分，速写占 100 分，色彩占 100 分。

文化课占 40%，专业课占 60%，按综合分排队择优录取。

综合分计算公式：文化总分 ÷ 文化满分 ×40 + 专业总分 ÷300×60 。

（三）史论类专业（艺术史论、美术学、艺术设计学）：写作能力测试合格，文化课成绩达到我院规定要求，按照文化课成绩从高分到低分排序择优录取。

（四）普通类专业（文化产业管理、艺术教育、学前教育）：文化课成绩应达到考生所在省二本文科最低控制分数线，按照文化课成绩从高分到低分排序择优录取。

（五）书法学专业课满分为 300 分，其中：书法临摹 150 分，书法创作 150 分。

文化课占 40%，专业课占 60%，按综合分排队择优录取，另外要求文化课语文单科成绩不低于 80 分（满分 150 分）。

综合分计算公式：文化总分 ÷ 文化满分 ×40 + 专业总分 ÷300×60。

西安美术学院2018年招考方向				
院系	专业	学制（年）	招生人数	考试科目
设计系	视觉传达设计	4	120人	设计类 ①素描（静物、人物写生） 时间：3小时 工具：铅笔、炭笔自选 ②速写（命题写生） 时间：1小时 工具：铅笔、炭笔自选 ③色彩（静物、人物写生） 时间：3小时 工具：水粉或水彩颜料
	产品设计	4	60人	
	艺术与科技	4	60人	
建筑环艺系	环境设计	4	180人	
服装系	服装与服饰设计	4	90人	
公共艺术系	公共艺术	4	60人	
	工艺美术	4	100人	
影视动画系	戏剧影视美术设计	4	30人	
	动画	4	60人	
	数字媒体艺术	4	30人	
	摄影	4	60人	造型类 ①素描（静物、人物写生） 时间：3小时 工具：铅笔、炭笔自选 ②速写（命题写生） 时间：1小时 工具：铅笔、炭笔自选 ③色彩（静物、人物写生） 时间：3小时 工具：水粉或水彩颜料
油画系	绘画（油画）	4	55人	
版画系	绘画（版画）	4	55人	
实验艺术系	绘画（水彩）	4	25人	
	实验艺术	4	80人	
雕塑系	雕塑	5	35人	
国画系	中国画	4	60人	
	书法学	4	20人	书法类 ①碑帖临摹 时间：1.5小时 工具：笔、墨、砚、画毡等 ②书法创作 时间：1.5小时 工具：笔、墨、砚、画毡等
史论系	艺术史论（艺术史论）	4	15人	史论类 ①写作能力测试 时间：2小时 工具：钢笔或签字笔
	艺术史论（艺术考古）	4	15人	
	美术学	4	20人	
	艺术设计学	4	20人	
	文化产业管理	4	20人	普通类
艺术教育学院	艺术教育	4	50人	
	学前教育	4	50人	
特殊教育学院	工艺美术	4	60人	特殊教育

8. 天津美术学院 Tianjin Academy of Fine Arts

官方网址：http://www.tjarts.edu.cn/
学校校址：天津市河北区天纬路 4 号（天纬路南校区）
天津市河北区志成路 7 号（志成道北校区）
考试时间：1—2 月

录取原则

1. 按照教育部规定，考生必须获得所在省、自治区、直辖市美术统考合格证才可报考天津美术学院（省统考未涉及的专业除外，具体操作办法以各省、自治区、直辖市当年招生文件为准）。

2. 考生只有取得天津美术学院专业考试合格证后才可填报天津美术学院（以下本原则所述专业成绩均为天津美术学院专业成绩）。考生必须在所在省、自治区、直辖市填报有天津美术学院志愿，且天津美术学院优先录取第一志愿报考天津美术学院考生。凡报考天津美术学院考生须登陆天津美术学院指定网址填报专业（方向）志愿。天津美术学院共设六个专业（方向）志愿，获得天津美术学院绘画类专业合格证的考生可根据天津美术学院简章中公布的绘画类所包含的专业（方向）选报不超过四个专业（方向），获得天津美术学院设计类专业合格证的考生可根据天津美术学院简章中公布的设计类所包含的专业（方向）选报不超过四个专业（方向），获得天津美术学院史论类专业合格证的考生可根据天津美术学院简章中公布的史论类所包含的专业（方向）选报不超过两个专业（方向）。天津美术学院 2018 年实行平行志愿录取方式（以下所述各项均采用此方式）。

3. 报考天津美术学院考生（不含报考史论类和中英合作办学的考生），文化总分达到天津美术学院规定分数线后，依据考生所填天津美术学院专业（方向）志愿，按照平行志愿录取规则，各专业（方向）按综合分从高到低排名，择优录取，额满为止（天津市考生单独排队择优录取；其他省考生统一排队，择优录取）。综合分计算办法具体为：考生专业成绩总分 ÷ 专业满分 ×60+ 考生文化总分 ÷ 文化满分 ×40。

同等条件下，优先录取专业成绩总分高的考生，专业成绩总分相同录取文化总分高的考生，文化总分相同录取语文成绩高的考生，各专业（方向）计划额满为止。如某专业（方向）录取名额未满则从志愿填报服从调剂的未录取考生中按照综合分从高到低调剂录取。

4. 报考天津美术学院史论类专业的考生，依据考生所填天津美术学院专业（方向）志愿，按照平行志愿录取规则，按各专业（方向）文化课总分进行排队从高到低依次录取（同等条件下优先录取语文成绩高的考生，语文成绩相同录取外语成绩高的考生），各专业（方向）计划额满为止。

5. 报考中英合作办学（数字媒体艺术）专业考生文化总成绩达到天津美术学院规定分数线后，按英语单科成绩排队从高到低依次录取，额满为止（如英语成绩相同则优先录取文化总分高的考生，文化总分相同优先录取语文成绩高的考生）。

6. 录取顺序：①绘画类、设计类、书法类、史论类择优录取；②中英合作办学项目（数字媒体艺术专业）择优录取。

7. 由于天津美术学院在专业考试时按大类进行考试，专业合格后才进行考生专业志愿的填报，所以要求考生不仅在所在省市高考志愿中填报天津美术学院，而且必须按照天津美术学院时间要求登陆天津美术学院网站填报专业志愿。天津美术学院在录取时均以考生在天津美术学院网站上填报的专业志愿为唯一依据进行录取，如考生未在天津美术学院网站上填报专业志愿，影响录取后果自负。

8. 专业排名（绘画类、设计类、书法）在本大类招生计划 10% 以内（含 10%）的考生，第一志愿报考天津美术学院，如由于文化成绩未被录取，2019 年可免试专业（录取结束后，如未被其他院校录取，请将专业合格证复印件、本人申请、1 寸照片一张于 2018 年 10 月寄至天津美术学院，天津美术学院将发放专业免试通知单）。

9. 学院对福建省、广东省、海南省等省份，因实行“一档多投”等而流失的拟录取计划，在时间允许的前提下，按录取原则从高分到低分进行替补。替补时，如遇部分省份已经录取结束，则此部分的计划将从天津市生源中录取。

10. 各省如有特殊规定以各省招生办公室文件为准。

<table>
<tr><th colspan="9">天津美术学院招考方向及考试科目</th></tr>
<tr><th>专业考试类型及招生规模</th><th colspan="2">专业及专业（招考）方向</th><th>所属门类</th><th>学制</th><th>学费</th><th>所属院（系）</th><th>考试科目</th></tr>
<tr><td>书法类 20 人（其中天津计划 2 名）</td><td colspan="2">书法学</td><td rowspan="9">美术学类</td><td>4</td><td>15000</td><td rowspan="3">中国画学院</td><td>①书法临摹：1 小时 45 分钟
②书法创作：1 小时
③篆刻（印稿设计）：1 小时
④速写：30 分钟</td></tr>
<tr><td rowspan="8">绘画类 340 人（其中天津计划 50 名）</td><td colspan="2">中国画</td><td>4</td><td>15000</td><td rowspan="8">①素描：2 小时 30 分钟（8K）
《高尔基人物胸像画照片》
②色彩：3 小时（6K）
《商场一角》（服装店场景，4 个穿衣服的模特（模具））
③速写：30 分钟（8K）
《舞女动态》
④命题创作及说明：1 小时（8K）
《手工做鞋的外婆（默写）》</td></tr>
<tr><td>中国画</td><td>传统艺术修复与鉴赏</td><td>4</td><td>15000</td></tr>
<tr><td rowspan="3">绘画</td><td>油 画</td><td>4</td><td>15000</td><td rowspan="4">造型艺术学院</td></tr>
<tr><td>版 画</td><td>4</td><td>15000</td></tr>
<tr><td>壁 画</td><td>4</td><td>15000</td></tr>
<tr><td colspan="2">雕 塑</td><td>5</td><td>15000</td></tr>
<tr><td colspan="2">摄 影</td><td>4</td><td>15000</td><td rowspan="6">实验艺术学院</td></tr>
<tr><td>绘 画</td><td>综合绘画</td><td>4</td><td>15000</td></tr>
<tr><td rowspan="7">设计类 500 人（其中天津计划 75 名）</td><td colspan="2">动 画</td><td rowspan="4">戏剧与影视学类</td><td>4</td><td>15000</td><td rowspan="7">①素描：2 小时 30 分钟（8K）
《毕加索人物胸像照片》
②色彩：3 小时（6K）
卧室一角：抽屉柜一个、背包一个、运动鞋一双、宠物狗一只
③速写：30 分钟（8K）
《火车站候车厅一角（一对情侣在自拍）》
④创意设计及设计分析：1 小时（8K）
《玻璃花瓶与丝带（刚与柔的和谐共鸣）》</td></tr>
<tr><td rowspan="3">动 画</td><td>移动媒体艺术</td><td>4</td><td>15000</td></tr>
<tr><td>影像艺术</td><td>4</td><td>15000</td></tr>
<tr><td>动画创作与编剧</td><td>4</td><td>15000</td></tr>
<tr><td colspan="2">视觉传达设计</td><td rowspan="3">设计学类</td><td>4</td><td>12000</td><td rowspan="2">设计艺术学院</td></tr>
<tr><td colspan="2">工艺美术</td><td>4</td><td>12000</td></tr>
<tr><td colspan="2">环境设计</td><td>4</td><td>12000</td><td>环境与建筑艺术学院</td></tr>
</table>

续表

<table>
<tr><th colspan="8">天津美术学院招考方向及考试科目</th></tr>
<tr><td rowspan="4">设计类500人（其中天津计划75名）</td><td colspan="2">公共艺术</td><td rowspan="4">设计学类</td><td>4</td><td>12000</td><td>环境与建筑艺术学院</td><td rowspan="4">同上</td></tr>
<tr><td rowspan="2">服装与服饰设计</td><td>染织设计</td><td>4</td><td>12000</td><td rowspan="3">产品设计学院</td></tr>
<tr><td>服装设计</td><td>4</td><td>12000</td></tr>
<tr><td colspan="2">产品设计</td><td>4</td><td>12000</td></tr>
<tr><td rowspan="3">史论类60人</td><td colspan="2">艺术设计学</td><td>设计学类</td><td>4</td><td>10000</td><td rowspan="3">艺术与人文学院</td><td rowspan="3">美术鉴赏：3小时</td></tr>
<tr><td rowspan="2">美术学</td><td>美术史论</td><td rowspan="2">美术学类</td><td>4</td><td>10000</td></tr>
<tr><td>视觉文化策划与管理</td><td>4</td><td>10000</td></tr>
<tr><td>中英合作办学60人（只招收高考英语科目考试的考生）</td><td colspan="2">数字媒体艺术（中英合作办学）</td><td>设计学类</td><td>4</td><td>39000</td><td>国际艺术教育学院</td><td>创意设计及分析：2小时（8K）</td></tr>
<tr><td>说明</td><td colspan="7">一、各专业均文理兼收。
二、共有两个校区：
1. 南校区（造型艺术学院、中国画学院、艺术与人文学院），地址：河北区天纬路4号。
2. 北校区（设计艺术学院、环境与建筑艺术学院、产品设计学院、实验艺术学院、国际艺术教育学院），地址：河北区志成道7号。
三、动画（影像艺术）、动画、动画（移动媒体艺术）专业（二年级后）需自备手提电脑。摄影专业（二年级后）需自备摄影器材</td></tr>
</table>

9. 湖北美术学院 Hubei Academy of Fine Arts

官方网址：http://www.hifa.edu.cn/
院校地址：武汉市江夏区藏龙岛科技园栗庙路6号（藏龙岛校区）
武汉市武昌区中山路374号（昙华林校区）
考试时间：1月初

录取原则

一、录取原则：

（一）湖北美术学院专业考试各科分值为100分，总分为300分。由学校专业教师和校外专业教师组成评卷组，按照客观、公平、公正的原则实行封闭式评卷。

（二）湖北美术学院专业考试按照不超过招生计划数4倍的比例划定专业合格分数线。考生在参加全国高考时填报的专业志愿必须与参加湖北美术学院校考合格的专业考试类型一致（湖北美术学院的三个专业考试类型：绘画设计类、书法类、服装表演类）。

（三）各专业类型的高考文化成绩与校考专业成绩比例折算办法如下：

1. 绘画设计类：（高考文化成绩 ×0.4+ 专业成绩 ×0.6）×2= 折算分。

2. 书法类：（高考文化成绩 ×0.6+ 专业成绩 ×0.4）×2= 折算分。

3. 美术理论类：考生通过所在高考省份美术类专业统考本科合格后（考生所在高考省份书法类专业统考本科合格也可报考），按照高考文化分排序从高到低择优录取。高考文化成绩总分相同时，按照英语和语文成绩相加后依次录取。

4. 服装表演类：校考只测试服装表演基础，不进行绘画基础测试。高考文化成绩达到我校投档分数线，按校考表演专业成绩排序录取。

5. 工业设计、风景园林、艺术教育、文化产业管理专业：按照高考文、理科文化成绩分文理两类排序，从高到低择优录取。高考文化成绩总分相同时，按照英语和语文成绩相加后依次录取。根据专业志愿优先原则确定录取专业。

6. 无往届生与应届生限制，无男女比例限制。高考文化成绩不分文理科。（工业设计、风景园林、艺术教育、文化产业管理专业除外。）

二、录取办法：

（一）绘画设计类：

1. 只录取填报湖北美术学院志愿并达到该校文化投档资格线的考生，录取填报批次为：艺术本科提前（一）批。录取时按照高考文化成绩和校考专业成绩折算分排序，以绘画设计类计划数从高到低择优录取，额满为止。录取时以专业最高成绩折算。

2. 被湖北美术学院拟录的考生，按考生高考填报的专业志愿根据折算分排序依次确定录取专业方向，在第1专业志愿不能满足时按照第2专业志愿录取，依次类推（即志愿优先原则）。最后不能确定其专业方向的考生，由该校根据考生填报志愿的意愿，安排至名额未满的专业方向内。

（二）书法类：

只录取填报湖北美术学院志愿并达到该校文化投档资格线的考生，录取填报批次为：艺术本科提前（一）批。录取时根据第1专业志愿按照高考文化成绩和校考专业成绩折算分排序，以书法类计划数从高到低择

优录取，额满为止。

（三）美术理论类：

只录取填报湖北美术学院志愿并达到该校文化投档资格线的考生，录取填报批次为：艺术本科提前（一）批。不参加该校组织的专业测试（不需要网上报名和缴费），考生通过所在高考省份美术类专业统考本科合格后（考生所在高考省份书法类专业统考本科合格也可报考），按照高考文化成绩从高到低择优录取。录取时根据第 1 专业志愿按照高考文化分排序择优录取。高考文化成绩总分相同时，按照英语和语文成绩相加后从高到低排序录取。

（四）动画（中外合作办学）录取原则：

1. 只录取填报湖北美术学院第一志愿并达到该校文化投档资格线的考生，录取填报批次为：艺术本科提前（一）批。按照绘画设计类录取原则执行。

2. 专业志愿为平行志愿，只录取填报该专业志愿的考生，高考专业志愿“服从志愿调剂”但未填报该专业考生不能参加录取。

3. 未达到绘画设计类录取控制分数线的考生，在满足以上两款条件的基础上，按照该专业计划数单独划定该专业折算分录取控制分数线（该专业具体介绍见湖北美术学院官方网站—组织机构—国际交流与合作处，网址：http://wsb.hifa.edu.cn）。

（五）服装表演类：只录取填报湖北美术学院第一志愿并达到该校文化投档资格线的考生，录取填报批次为：艺术本科提前（一）批。录取时根据第 1 专业志愿按照校考服装表演类专业成绩排序择优录取。

（六）工业设计、风景园林、艺术教育、文化产业管理专业录取原则：

1. 不参加该校组织的专业测试（不需要网上报名和缴费），按照高考文化成绩排序择优录取，只录取填报我校志愿并达到我校文化投档资格线的考生。录取填报批次为：提前批文理本科。

2. 录取时根据第 1 专业志愿按照高考文化分排序择优录取。高考文化成绩总分相同时，按照英语和语文成绩相加后从高到低排序录取。

<table>
<tr><th colspan="5">湖北美术学院 2018 年本科招考方向</th></tr>
<tr><th>院系</th><th>专业</th><th>学制（年）</th><th>招生人数</th><th>考试科目</th></tr>
<tr><td rowspan="2">中国画系</td><td>中国画</td><td>4</td><td>96 人</td><td rowspan="16">绘画设计类专业（满分 300 分）
①色彩（满分 100 分）：
《人物头像或石膏写生》3 小时
②速写创作（满分 100 分）：
《人物及场景》45 分钟
③素描（满分 100 分）
《人物头像或石膏写生》2.5 小时

书法类专业（满分 300 分）
①白描临摹（满分 100 分）：3 小时
根据提供的图片资料，用白描手法放大临摹。
②印稿设计（满分 100 分）：1 小时
根据指定内容设计朱文、白文印章。
③书法临摹与创作（满分 100 分）：2.5 小时

服装表演类专业（满分 300 分）
①形体测量（50 分）
②形体观察（50 分）
③服装表演（100 分）
④形体表演（100 分）
考试要求：
①女生身高 1.65m 以上(含 1.65m)、男生身高 1.80m 以上(含 1.80m)，自备比基尼泳装。
②自备才艺表演服装、音乐 CD 光碟或 U 盘音乐 MP3 文件(音乐文件中除考试用乐曲外无其他乐曲)及表演道具。
③女生必须将头发束起(马尾或发髻即可,短发除外)，着淡妆(无假睫毛)，无文身。考生头发不得上硬发胶。</td></tr>
<tr><td>书法学</td><td>4</td><td>24 人</td></tr>
<tr><td>油画系</td><td>油画</td><td>4</td><td>88 人</td></tr>
<tr><td rowspan="2">版画系</td><td>版画</td><td>4</td><td>48 人</td></tr>
<tr><td>插画艺术</td><td>4</td><td>88 人</td></tr>
<tr><td rowspan="2">壁画与综合材料绘画系</td><td>壁画与综合材料绘画</td><td>4</td><td>88 人</td></tr>
<tr><td>公共艺术</td><td>4</td><td>24 人</td></tr>
<tr><td>水彩画系</td><td>水彩画</td><td>4</td><td>96 人</td></tr>
<tr><td rowspan="4">动画学院</td><td>动画</td><td>4</td><td>92 人</td></tr>
<tr><td>动画（中外合作办学）</td><td>4</td><td>120 人</td></tr>
<tr><td>影像媒体艺术</td><td>4</td><td>80 人</td></tr>
<tr><td>数字媒体艺术</td><td>4</td><td>24 人</td></tr>
<tr><td rowspan="2">雕塑系</td><td>雕塑</td><td>5</td><td>58 人</td></tr>
<tr><td>陶瓷艺术设计</td><td>4</td><td>68 人</td></tr>
</table>

续表

湖北美术学院2018年本科招考方向				
设计系	工艺美术	4	24人	同上
	视觉传达设计	4	160人	
	印刷图形设计	4	48人	
	摄影	4	30人	
	影视摄影与制作	4	24人	
环境艺术设计系	环境艺术设计	4	188人	
	风景园林	4	48人	
服装艺术设计系	服装与服饰设计	4	140人	
	纤维艺术设计	4	78人	
	服装表演与设计	4	男生12人 女生38人	
工业设计系	戏剧影视美术设计	4	24人	
	工业设计	4	20人	
	产品设计	4	158人	
	展示设计	4	88人	
美术学系	美术教育	4	68人	
	艺术教育	4	20人	
	艺术设计学	4	20人	
	艺术史论	4	20人	
	艺术管理	4	20人	
	文化产业管理	4	20人	

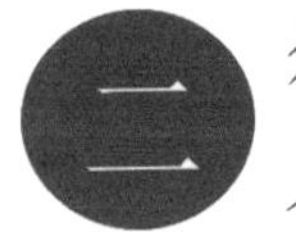

独立设置本科艺术院校及参照独立设置本科艺术院校(部分)

审图号：GS(2016)2923号
国家测绘地理信息局 监制

地图下载于标准地图服务系统（国家测绘地理信息局）。

- 10 中国传媒大学 Communication University of China
- 11 中央戏剧学院 The Central Academy of Drama
- 12 北京电影学院 Beijing Film Academy
- 13 北京服装学院 Beijing Institute of Fashion Technology
- 14 吉林艺术学院 Jilin University of the Arts
- 15 南京艺术学院 Nanjing University of the Arts
- 16 江南大学 Jiangnan University
- 17 东华大学 Donghua University
- 18 上海戏剧学院 Shanghai Theatre Academy
- 19 上海视觉艺术学院 Shanghai Institute of Visual Art

10. 中国传媒大学 Communication University of China

官方网址：http://www.cuc.edu.cn/
院校地址：北京市朝阳区定福庄东街 1 号
考试时间：2 月末～ 3 月初

录取原则

（一）省级统考有要求且涵盖的专业，考生须省级统考合格，同时获得校考相应专业合格证书；省级统考不要求或未涵盖的专业，考生须获得校考专业合格证书。

（二）录取时，专业志愿顺序以高考志愿填报顺序为准，各专业志愿之间无分数级差，同等条件下优先考虑第一志愿。

（三）录取时，学校使用的文化考试成绩为考生实际高考成绩，不含任何加分。考生文化考试成绩需达到生源省份艺术类本科专业相应类别录取控制分数线，凡省（自治区、直辖市）对艺术类专业文化成绩本科层次划有多条分数线的，按最高分执行。

（四）学校以文化折算比值和专业折算比值为依据进行录取。其中，文化折算比值 = 考生文化考试成绩 ÷ 生源省份普通类本科第一批次录取控制分数线（以下简称一本线）；专业折算比值 = 考生参加学校组织的专业考试总分 ÷ 该专业合格分数线。对于合并本科批次的省份，一本线以各省划定的自主招生参考线为准；浙江一本线为浙江省公布的一段线。对于艺术类考生文化考试总分与普通类考生文化考试总分不一致的省份，一本线以该省给定的参考分数线为准，未给定参考分数线的省份，参考分数线 =(一本线 ÷ 普通类考生文化考试总分)× 艺术类考生文化考试总分。

（五）播音与主持艺术、戏剧影视导演、表演、影视摄影与制作、戏剧影视美术设计、视觉传达设计（广告设计方向）、动画、动画（游戏艺术方向）、音乐学、作曲与作曲技术理论（电子音乐方向）、音乐表演（声乐表演方向）、表演（音乐剧双学位班）12 个专业，在考生文化折算比值达到学校确定的本专业最低折算比值情况下，按照综合分（综合分 = 文化折算比值 + 专业折算比值）从高到低择优录取。

各专业最低文化折算比值见下表：

专业（招考方向）	最低文化折算比值
影视摄影与制作	0.75
戏剧影视美术设计	0.7
视觉传达设计（广告设计方向）	0.7
动画	0.7
动画（游戏艺术方向）	0.7
……	……

（六）广播电视编导（电视编辑方向）、广播电视编导（文艺编导方向）、戏剧影视文学、数字媒体艺术、艺术与科技（数字娱乐方向）、录音艺术（音响导演方向）、录音艺术（录音工程方向）7个专业，在考生文化折算比值达到学校确定的本专业最低折算比值情况下，按照文化折算比值从高到低择优录取。各省（自治区、直辖市）录取人数不超过本专业计划总数的20%。数字媒体艺术、艺术与科技（数字娱乐方向）文科类考生的录取人数不超过本专业计划总数的1/3。上海、江苏、浙江的考生，按理科进行录取。

各专业最低文化折算比值见下表：

专业（招考方向）	最低文化折算比值
广播电视编导（电视编辑方向）	1
广播电视编导（文艺编导方向）	1
戏剧影视文学	1
数字媒体艺术	1
艺术与科技（数字娱乐方向）	0.95
录音艺术（音响导演方向）	0.9
录音艺术（录音工程方向）	0.95

中国传媒大学2018年本科（美术类专业）招考方向				
院 系	专业（方向）	学制（年）	招生人数	考试科目
广告学院	影视摄影与制作	4	62人	【初试】1.笔试 画面构成能力测试，根据给定的若干视觉元素，组合成一幅完整的画面（要求能够体现光线、色彩，画面主题明确、表达清晰。 【复试】1.面试 自我介绍，回答考官提问，可提交摄影、绘画或其他作品。2.文化笔试 高中文化课中的语文、英语、数学 。
影视艺术学院	戏剧影视美术设计	4	35人	1.笔试 ①素描：半身带手写生。时间：3小时。 ②速写：命题人物动态默写。时间：40分钟。 2.笔试 命题创作 根据命题进行绘画创作（一幅，只能用水彩或水粉着色）。 3.笔试 综合能力测试
广告学院	视觉传达设计（广告设计方向）	4	35人	1.笔试 ①色彩：色彩默写。时间：3小时。②素描：半身带手写生。时间：3小时。③速写：命题人物动态默写。时间：40分钟。 2.笔试 命题创作 根据命题进行广告创作，广告语自拟。用色彩完成，绘画工具不限。 3.笔试 综合能力测试
动画学院	动画	4	80人	1.面试 ①回答考官提问 。②作品展示：展示考生平时创作的作品，素描、色彩作品各不少于5张。考官可根据具体情况要求考生进行现场素描、色彩或速写写生。③才艺展示：考生展示自己在漫画、动画、美术、音乐、文学、影视、外语、电脑制作等方面的才艺、习作或相关证书。考生面试时需自备素描及色彩绘画工具。 2.笔试 ①素描：半身带手写生。时间：3小时。②速写：命题人物动态默写。时间：40分钟。 3.笔试 综合能力测试 4.笔试 故事漫画创作 根据命题用4～16幅漫画讲述一个故事，要求着色，绘画工具不限。

续表

中国传媒大学2018年本科（美术类专业）招考方向				
动画学院	动画（游戏艺术方向）	4	30人	1. 面试 ①回答考官提问 。②作品展示：展示考生平时创作的作品，素描、色彩作品各不少于5张（其中2张必须为长期作业），速写作品不少于8张。考官可根据具体情况要求考生进行现场素描、色彩或速写写生。③才艺展示：考生展示自己在游戏、美术、音乐、文学、影视、外语、计算机等方面的才艺、习作或相关证书。考生面试时需自备素描、速写及色彩绘画工具。 2. 笔试 ①素描：半身带手写生。时间：3小时。②速写：命题人物动态默写。时间：40分钟。 3. 笔试　综合能力测试 4. 笔试　命题创作　根据命题完成1幅游戏场景设计（含角色），要求着色，绘画工具不限。
	数字媒体艺术	4	51人	1. 面试：①自我介绍（中、英文自选）。②回答考官提问。③专长展示 展示考生在计算机、美术、音乐、文学、影视，参与校内外活动等方面的专长、个人作品或相关证书。考官可根据考生的实际特长要求考生进行现场命题创作，如创意设计、电脑制作、程序设计等。 2. 笔试 专业能力考试：①审美能力考查；②专业相关领域基本常识考查；③逻辑思维和创新思维能力考查。 3. 文化笔试 高中文化课中的语文、英语、数学。
	艺术与科技（数字娱乐方向）	4	21人	1. 面试：①自我介绍（中、英文自选）。②回答考官提问个性化考查考生的交流能力和专业潜质。③专长展示展示考生在影视、新媒体、活动组织等方面的专长、个人作品或相关证书。考官可根据考生的实际特长进行专业潜质考查。 2. 笔试 命题创作 根据指定画面素材与文字材料进行创作。 3. 文化笔试 高中文化课中的语文、英语、数学。

11. 中央戏剧学院 The Central Academy of Drama

官方网址：http://www.chntheatre.edu.cn/
院校地址：北京市东城区棉花胡同 39 号（东城校区）
　　　　　北京市昌平区宏福中路 4 号（昌平校区）
考试时间：2 月末至 3 月初

录取原则

（一）录取原则

1. 专业合格考生，高考文化课成绩达到中央戏剧学院录取控制分数线后，按专业考试排名择优录取。专业考试排名并列的按高考文化课成绩 ÷ 生源所在省（自治区、直辖市）本科一批录取控制分数线，所得比值从高到低择优录取。若比值相同，依次比较语文、外语、数学成绩（折算为单科 150 分制计算）。

2. 中央戏剧学院录取时以考生高考文化课成绩为准，不含任何高考加分。

（二）录取控制分数线划定办法

1. 表演专业（话剧影视表演、话剧影视表演双学位班、音乐剧表演、歌剧表演、偶剧表演与设计方向）、戏剧影视美术设计专业（舞台设计、舞台灯光、舞台服装、舞台化装、舞台造型体现、演艺影像设计方向）、播音与主持艺术专业（广播电视节目主持方向）：录取控制分数线按照生源所在省（自治区、直辖市）艺术类同科类本科专业录取控制分数线划定；

2. 戏剧影视导演专业（戏剧导演、戏剧教育、演出制作、影视编导、影视制片方向）、戏剧学专业（戏剧史论与批评、戏剧策划与应用方向）：录取控制分数线按照生源所在省（自治区、直辖市）本科一批录取控制分数线的 80% 划定；

3. 戏剧影视文学专业（戏剧创作方向、电视剧创作方向）：录取控制分数线按照生源所在省（自治区、直辖市）本科一批录取控制分数线的 85% 划定。

（三）录取分数线分省情况说明

1. 如中央戏剧学院招考方向考试科目涵盖多项省统考科类，并经中央戏剧学院与各省级招生考试机构共同认定为该招考方向对应多项省统考类别合格标准的，参考较低科类本科专业录取控制分数线。

2. 山西省艺术类本科录取控制线按山西省艺术类一本线划定。 湖南省、青海省艺术类本科录取控制线分别按照省本科二批录取控制分数线的 65% 划定。山东省、上海市本科一批录取控制线按自主招生控制分数线划定，本科二批录取控制线按本科控制分数线划定。

3. 艺术类考生无文理分科的省份，参考较低科类分数线执行。

4. 艺术类考生文化课成绩满分与普通类考生文化成绩满分不一致的省份，对艺术类考生文化课成绩进行折算（考生高考文化课成绩 ÷ 艺术类考生文化课成绩满分 × 普通类考生文化成绩满分）后，与所在省相应批次录取控制线进行比较。云南省考生高考文化课成绩按照 750 分满分计算。海南省考生高考文化课成绩按照 750 分满分标准分计算。

中央戏剧学院2018年本科（美术类专业）招考方向

学院	专业（学制四年）	招生人数	试别	考试科目	考试科目	考试地点
舞台美术系	戏剧影视美术设计（舞台设计）	18	初试	素描	现场写生	昌平校区
	戏剧影视美术设计（舞台灯光）	18		色彩	现场写生	
	戏剧影视美术设计（舞台服装）	18				
	戏剧影视美术设计（舞台化装）	18	复试	创作	命题创作	
	戏剧影视美术设计（舞台造型体现）	18		面试	面试时须交本人近期绘画作品（素描、彩画）及其他美术作品照3张（不收原作，照片四寸以上即可）	
	戏剧影视美术设计（演艺影像设计）	18				
戏剧文学系	戏剧影视文学（戏剧创作）	20	初试	文学常识；叙事散文写作	笔试	昌平校区
	戏剧影视文学（电视剧创作）	20	复试	面试		东城校区
	戏剧学（戏剧史论与批评）	20	初试	文学常识；议论文写作	笔试	昌平校区
	戏剧学（戏剧策划与应用）	20	复试	面试		东城校区
偶剧系	表演（偶剧表演与设计）	25	初试	朗诵	自备诗歌朗诵，时长2分钟以内	东城校区
				才艺展示	自备才艺（除钢琴外其他乐器自备），美术类才艺可提交近期绘画作品/雕塑作品照片3张（6寸以上，不收原作）	
			复试	表演	即兴命题表演	
				朗诵	自选散文、戏剧独白与主考教师测试相结合	
				形体	自选舞蹈、体操、武术与主考教师测试相结合	
				美术创作：绘画/手工/雕塑三选一	绘画：自选素描或色彩（除画纸外其他画材工具自备） 手工：内容不限（材料工具自备） 雕塑：所需雕塑工具自备	
戏剧教育系	戏剧影视导演（戏剧教育）	40	一试	命题朗诵	指定稿件朗诵	东城校区
			二试	文艺常识；散文写作	笔试	
			三试	特长展示；命题集体小品；面试	特长展示为自选文艺特长，如音乐（演奏或演唱）、舞蹈（含武术）、美术等进行展示	
戏剧管理系	戏剧影视导演（演出制作）	80	一试	命题辩论	现场抽签题目分组辩论	东城校区

续表

中央戏剧学院2018年本科（美术类专业）招考方向						
戏剧管理系	戏剧影视导演（演出制作）	80	二试	文学常识及议论文写作	笔试	昌平校区
			三试	艺术特长展示及面试	现场提供钢琴，其他乐器自理	东城校区
电影电视系	戏剧影视导演（影视编导）	25	一试	面试	如有音乐、美术、文学特长，一试可提交相关证明材料	东城校区
			二试	命题编写故事	笔试	
			三试	命题集体小品；试听段落解读；面试		
	戏剧影视导演（影视制作）	40	一试	命题演讲	如有音乐、美术、文学特长，一试可提交相关证明材料	
			二试	议论文写作	笔试	
			三试	命题辩论；面试		
	播音与主持艺术（广播电视节目主持）	25	初试	朗诵	自备散文、小说片段、诗歌或寓言，时长3分钟以内	
				命题播报	指定稿件播报	
			复试	即兴评述	根据抽取的稿件进行即兴评述	
				综合面试		

12. 北京电影学院 Beijing Film Academy

官方网址：http://www.bfa.edu.cn/
院校地址：北京市海淀区西土城路4号
考试时间：3月初

录取原则

1. 校定分数线、分数比值的计算公式为：

分数比值＝考生文化课成绩（含政策性加分）÷ 考生所在省本科一批录取最低控制分数线（文、理）× 100

※ 对于实行高考综合改革以及本科录取批次合并的省（市），我校将按照教育部以及考生所在省（市）相关规定执行。

例如在北京电影学院2017年招生工作中，上海市考生使用“自主招生控制分数线”（不分文、理）进行分数比值计算；浙江省考生使用“普通类一段线”（不分文、理）进行分数比值计算。山东省考生使用“自主招生最低录取控制参考线”（分文、理）进行分数比值计算，海南省考生使用“自主招生线”（分文、理）进行分数比值计算。

※ 对于个别省份艺术类考生文化成绩满分与普通类考生文化成绩满分不一致时：高考文化课成绩比值计算办法依据考生所在省规定执行；对于考生所在省未做出相关规定的，分数比值计算办法为：

[艺术类考生文化成绩（含政策性加分）÷ 艺术类高考文化满分 × 普通类高考文化满分]÷ 考生所在省本科一批录取最低控制分数线（文、理）× 100。

※ 若考生所在省（市）新一年度普通高等学校招生工作有其他补充规定，按相关规定执行。

2. 关于成绩并列：

①按照专业考试成绩排序择优录取的各专业（含招考方向），录取时如果遇到专业考试成绩并列的情况，则依据考生文化考试成绩的分数比值从高到低排序择优录取。

②按照文化成绩的分数比值排序择优录取的各专业（含招考方向），录取时如果遇到分数比值排序并列的情况，则依据专业考试成绩从高分到低分排序择优录取。

3. 部分院校介绍：

①美术学院专业介绍：美术学院主要致力于电影视觉艺术设计、影像与当代艺术、电影衍生品设计开发的专业人才培养，是我国电影视觉艺术创作领域和理论人才教育的重要基地，为中国的影视事业和相关艺术领域培养了大批的专业人才。

戏剧影视美术设计专业：培养专门从事电影美术设计、电影特技设计、电影人物造型设计专业领域德才兼备的创作型高级人才。

戏剧影视导演专业（广告导演）：培养能从事影视广告、影视导演及相关领域德才兼备的高级专门人才。

新媒体艺术专业：具有当代性、实验性、包容性以及前沿的理念和科技手段。人才培养的重点是基于在跨媒体、跨领域的知识结构中开拓学生在视觉艺术中对平面与空间、静态与动态影像的创造力，具备探讨、挖掘、表达、当代文化语境转换的复合型视觉艺术创作人才的能力。

环境设计专业：本专业面向快速增长的新型电影视觉设计人才的需求，主要培养在新技术应用下，电影媒介及跨媒介大生态环境下的虚拟空间设计人才，包括电影影像媒介、衍生网络媒介和跨媒介的，虚实交互娱乐空间和商业空间的数字环境设计。

产品设计专业：专业人才培养是以电影产业为依托，培养能从事电影衍生品设计、开发及相关领域德才兼备的高级专门人才。

②摄影学院专业介绍：本专业主要培养目标是培养能从事图片摄影、传媒、影像、平面广告、艺术设计、摄影理论研究、摄影教育及相关工作，德才兼备的高级专门人才。

③动画学院专业介绍：

动画：本专业主要培养能够适应动画行业发展的需要，系统掌握动画专业的基本理论和基本技能，向动画导演及高级动画创作方面发展的创新型人才。

漫画：本专业主要培养能够适应漫画行业的需求，系统掌握漫画基础理论和知识技能；具备综合文化素质及创新精神的高素质应用型漫画原创艺术人才。

戏剧影视文学专业（动漫策划）：本专业主要培养适应当前及未来社会发展的动画编剧及原创动漫策划人才。

戏剧影视文学专业（动漫策划）：动漫策划概论、动画视听语言、动画编剧、动画制片管理、漫画脚本、毕业创作等。

④影视技术系专业介绍：本专业主要培养适应电影产业快速发展需要，具备电影艺术素养，系统掌握数字电影技术专业知识和技能，可以广泛就业于电影制作、发行放映、广播电视、文化创意、教育培训等行业的复合型电影科技人才。

专业要求：报考影视摄影与制作（数字电影技术）专业的考生，要求听力正常，无色盲、色弱。

往年考点：北京。

⑤数字媒体学院专业介绍：本专业培养面向数字媒体艺术领域，掌握虚拟现实交互设计及虚拟影像创作方法，具备较高综合文化素养及创新精神的应用型人才。可在电影电视、网络媒体、数字娱乐与旅游、展览展示、交互广告设计、文化遗产保护、数字演艺、新闻出版和数字媒体教育等跟文化创意产业相关的领域，从事有关数字媒体内容创意、设计和制作。

专业要求：报考数字媒体艺术专业的考生，要求听力正常，双目视力均应在 5.0 以上（经矫正 4.8 以上，新视力表）且无色盲、色弱。

北京电影学院2018年本科招考方向				
学 院	专业（学制四年）	招生人数	考试科目	备注
文学系	戏剧影视文学（创意策划）	15	初试：1. 笔试：文艺基础知识与综合素质 复试：2. 笔试：材料分析 三试：3. 面试	1. 专业考试合格的考生，文化考试成绩达到考生所在省本科一批录取最低控制分数线（文、理）的85%后，按专业考试成绩从高分到低分排序，择优录取。 2. 笔试需要考生自备2B铅笔和橡皮，面试主要考察考生对艺术和生活的感受以及语言表达能力。
	戏剧影视文学（剧作）	20	初试：1. 笔试：文艺基础知识与综合素质 复试：2. 笔试：命题写作 三试：3. 面试	
导演系	戏剧影视导演（电影导演）	15	初试：1. 笔试：社会、文化、艺术常识 复试：2. 面试：自由陈述 三试：3. 面试：美术（摄影）作品分析、音乐作品分析、故事构思 四试：4. 笔试：命题创作 5. 面试：1. 创作问题讨论；2. 表演	1. 专业考试合格的考生，文化考试成绩达到考生所在省本科一批录取最低控制分数线（文、理）的70%后，按专业考试成绩从高分到低分排序，择优录取。 2. 笔试需要考生自备2B铅笔和橡皮；命题创作需要学生自备签字笔。
表演学院	表演	50	初试：1. 朗诵（自选诗歌一篇，限定3分钟以内）； 复试：2. 朗诵（体裁：散文、故事、小说。限定3分钟以内）； 3. 才艺展示（形式：声乐、舞蹈、戏曲、武术、曲艺、杂技）； 三试：4. 表演艺术综合会试； 四试：5. 面试	1. 专业考试合格的考生，文化考试成绩达到考生所在省艺术类（同科类或对应科类）本科录取最低控制分数线（文、理）后，按专业考试成绩从高分到低分排序，择优录取。 2. 才艺展示如需音乐伴奏，请自备播放设备。
摄影系	影视摄影与制作	18	初试：1. 笔试：综合素质考察（文学艺术常识、历史、时政、社会常识等）； 复试：2. 写作：按规定条件命题写作，包括人物、对白、故事等内容； 3. 视觉创作：用所给的视觉材料进行命题创作，考生自备剪刀、胶水等； 三试：4. 面试：专业素质考察	1. 专业考试合格的考生，文化考试成绩达到考生所在省本科一批录取最低控制分数线（文、理）的75%后，按专业考试成绩从高分到低分排序，择优录取。 2. 笔试需要考生自备2B铅笔和橡皮。
声音学院	录音艺术（电影录音）	16	初试：1. 笔试：声音听辨（声音或音乐素材的听辨、识别、比较。考生自备2B铅笔和橡皮） 复试：2. 笔试：作品分析（影像、声音素材或作品的内容、关系、创意、方法等的分析） 面试：3. 演奏（唱），综合素质考察，如有各类特长与作品可展示	专业考试合格的考生，文化考试成绩达到考生所在省本科一批录取最低控制分数线（文、理）的90%后，按参加全国普通高等学校招生考试中的文化考试成绩与所在省本科一批录取最低控制分数线（文理）的分数比值从高到低排序，择优录取。
	作曲与作曲技术理论	10	初试：1. 笔试：听写与乐理（听写包括单音、音程、三和弦、七和弦、旋律） 复试：2. 笔试：旋律发展与歌曲写作三试。 面试：3. 演奏（唱），视唱，如有个人作品可展示	专业考试合格的考生，文化考试成绩达到考生所在省本科一批录取最低控制分数线（文、理）的70%后，按参加全国普通高等学校招生考试中的文化考试成绩与所在省本科一批录取最低控制分数线（文理）分数比值从高到低排序，择优录取。
	艺术与科技	10	科目1：笔试：声音听辨（声音或音乐素材的听辨、识别、比较。考生自备2B铅笔和橡皮） 科目2：面试：演奏（唱），综合素质考察，如有各类特长与作品可展示	专业考试合格的考生，文化考试成绩达到考生所在省本科一批录取最低控制分数线（文、理）后，按参加全国普通高等学校招生考试中的文化考试成绩与所在省本科一批录取最低控制分数线（文、理）的分数比值从高到低排序，择优录取。

续表

北京电影学院 2018 年本科招考方向				
美术学院	戏剧影视美术设计	36	科目 1: 造型能力 科目 2：面试（具体面试时间以公示为准）	1. 专业考试合格的考生，文化考试成绩达到考生所在省本科一批录取最低控制分数线（文、理）的 70% 后，按专业考试成绩从高分到低分排序，择优录取。 2. 造型能力测试考生自备画板、铅笔、水彩、水粉、丙烯。 3. 文艺常识及社会常识测试，考生自备 2B 铅笔和橡皮。
	戏剧影视导演（广告导演）	10	初试：文艺常识及社会常识 复试：广告创意与素描（考生自备画具） 三试：面试	
	新媒体艺术	10	科目 1：造型能力 科目 2：面试（具体面试时间以公示为准）	
	环境设计	10	科目 1：造型能力 科目 2：面试（具体面试时间以公示为准）	
	产品设计	10	科目 1：造型能力 科目 2：面试（具体面试时间以公示为准）	
管理学院	电影学（制片与市场）	50	初试：1. 笔试：文艺理论基础及综合常识、时政及文化产业动态了解（考生自备 2B 铅笔和橡皮） 复试：2. 面试：考核考生综合素质及分析问题、解决问题的能力，影视作品的艺术鉴赏力，对影视市场的了解程度	专业考试合格的考生，文化考试成绩达到考生所在省本科一批录取最低控制分数线（文、理）的 90% 后，按参加全国普通高等学校招生考试中的文化考试成绩与所在省本科一批录取最低控制分数线（文、理）的分数比值从高到低排序，择优录取。
电影学系	电影学（电影评论）	20	初试：1. 笔试：文科综合知识检测（考生自备 2B 铅笔和橡皮） 复试：2. 笔试：写作——影片分析（考生自备黑色钢笔或签字笔） 三试：3. 口试：英语、综合能力检测	专业考试合格的考生，文化考试成绩达到考生所在省本科一批录取最低控制分数线（文、理）的 90% 后，按参加全国普通高等学校招生考试中的文化考试成绩与所在省本科一批录取最低控制分数线（文、理）的分数比值从高到低排序，择优录取。
摄影学院	摄影	30	初试：1. 笔试：摄影综合试题（考生自备 2B 铅笔和橡皮） 复试：2. 现场实拍（考生自备使用 SD 卡的数码相机） 三试：3. 面试：文艺理论常识，摄影理论知识，电脑图形处理常识等（考生可自带本人摄影、美术作品）	专业考试合格的考生，按参加全国普通高等学校招生考试中的文化考试成绩与所在省本科一批录取最低控制分数线（文、理）的分数比值从高到低排序，择优录取。
动画学院	动画	60	科目 1：人物写生 科目 2：命题设计（考生自备画具）	专业考试合格的考生，文化考试成绩达到考生所在省本科一批录取最低控制分数线（文、理）的 70% 后，按专业考试成绩从高分到低分排序，择优录取。
动画学院	漫画	20	科目 1：人物写生 科目 2：命题创作（考生自备画具）	专业考试合格的考生，文化考试成绩达到考生所在省本科一批录取最低控制分数线（文、理）的 70% 后，按专业考试成绩从高分到低分排序，择优录取。
	戏剧影视文学（动漫策划）	20	初试：1. 笔试：文艺综合常识及命题写作（考生自备 2B 铅笔和橡皮） 复试：2. 面试：文艺综合常识，综合素质考察（考生自带日常各类艺术作品不少于 5 件及才能展示）	专业考试合格的考生，文化考试成绩达到考生所在省本科一批录取最低控制分数线（文、理）的 85% 后，按专业考试成绩从高分到低分排序，择优录取。

续表

北京电影学院2018年本科招考方向				
影视技术系	影视摄影与制作（数字电影技术）	15	初试：1. 笔试：文化素质考核（文理基础知识、电影基本常识、英语阅读理解、逻辑思维和文字表述等。考生自备2B铅笔和橡皮） 复试：2. 面试：综合素质考察（理解能力、口头表述能力、创新想象力等）	专业考试合格的考生，文化考试成绩达到考生所在省本科一批录取最低控制分数线（文、理）的75%后，按专业考试成绩从高到低分排序，择优录取。
视听传媒学院	广播电视编导	30	初试：1. 笔试：综合素质考察（考生自备2B铅笔和橡皮） 复试：2. 笔试：视听创作基础（考生自备黑色签字笔、2B铅笔和橡皮） 三试：3. 口试	专业考试合格的考生，按参加全国普通高等学校招生考试中的文化考试成绩与所在省本科一批录取最低控制分数线（文、理）的分数比值从高到低排序，择优录取。
数字媒体学院	数字媒体艺术	15	笔试：命题创作（文案＋设计示意图，考生自备画具、签字笔）	专业考试合格的考生，文化考试成绩达到考生所在省本科一批录取最低控制分数线（文、理）的80%后，按专业考试成绩从高分到低分排序，择优录取。

13. 北京服装学院 Beijing Institute of Fashion Technology

官方网址：http://www.bift.edu.cn/
院校地址：北京朝阳区樱花园东街甲 2 号
考试时间：1 ~ 2月

录取原则

考生文化考试总成绩在达到北京服装学院划定分数线（生源省份本科一批录取控制分数线的 60% 和生源省份艺术本科录取控制分数线的高者）的基础上，且外语科目成绩不得低于 60 分（150 分制），按照综合成绩从高分到低分择优录取。如果综合成绩相等，优先录取专业考试总成绩高的考生。

综合成绩 = 专业考试总成绩 ÷ 专业考试合格分数线 ×100 + 文化考试总成绩 ÷ 生源省份本科(文/理科)一批录取控制分数线 ×100

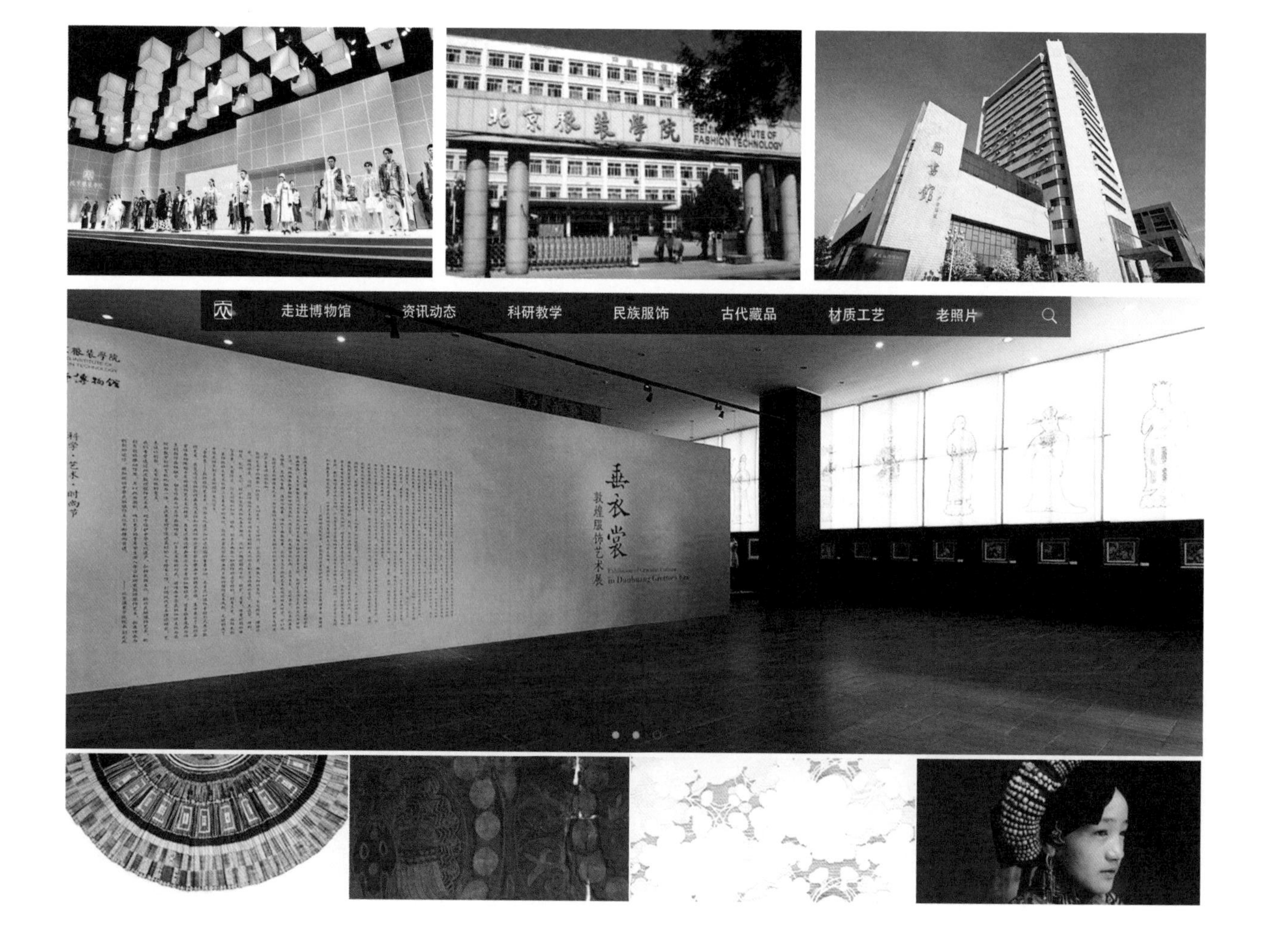

北京服装学院 2018 年本科招考方向				
报名专业（招考方向）及代码	招生人数	就读学院	学制 / 学历	考试科目
服装与服饰设计（130505）	350	服装艺术与工程学院	四年 / 本科	①素描：2.5 小时 依据给出女青年线稿图片，画出一幅结构、体面关系完整的素描头像 ②色彩（水粉）：2.5 小时 《黑白静物相片》 ③速写：1 小时 《场景速写》 素描、色彩和速写三门满分均为 100 分
产品设计（130504）	40	服饰艺术与工程学院		
艺术与科技（130509T）	60	材料科学与工程学院		
视觉传达设计（130502）	60	艺术设计学院		
环境设计（130503）	60			
动画（130310）	20			
数字媒体艺术（130508）	60			
绘画（130402）	15	美术学院		
中国画（130406T）	15			
雕塑（130403）	15			
公共艺术（130506）	15			
绘画（师范）	50			
摄影（130404）	20	时尚传播学院		
表演（服装表演）（130301）	40（男生 6 人，女生 34 人）			①形体观察：对考生形体条件进行综合评定； ②模特技巧：考查考生步态、姿态等。
表演（广告传播）（130301）	20（男生 6 人，女生 14 人）			①形体观察：对考生形体条件进行综合评定； ②模特技巧：考查 考生步态、姿态等。

14. 吉林艺术学院 Jilin University of the Arts

官方网址： http://www.jlart.edu.cn/
学校校址：吉林省长春市自由大路 695 号
考试时间： 1 月

录取原则

录取工作按国家教育部有关文件、各省招生考试机构及吉林艺术学院有关规定执行。录取时，学校根据考生的文化课和专业课成绩，德、智、体全面衡量，择优录取。

一、文化课满分 750 分（高于或低于 750 分，按折合后的 750 分计算），专业课满分 300 分。

二、考生文化成绩达到录取控制分数线后，各专业录取原则如下：

1. 广播电视编导（影视 / 演艺策划 / 戏曲编导）和戏剧影视文学专业，以文化分占 70% 和专业分占 30% 相加后总分择优录取。

广播电视编导（影视 / 演艺策划 / 戏曲编导）专业统一考试，成绩通用。录取时，按总分排序，遵循志愿，依次确定录取专业，当专业志愿无法满足时，若服从调剂，则调剂到尚未录满的广播电视编导专业，不服从调剂的，作退档处理。

2. 美术学（含视觉艺术策划）和美术学（师范）专业，以文化分占 60% 和专业分占 40% 相加后总分择优录取。

美术学和美术学（视觉艺术策划）专业统一考试，成绩通用。录取时，按总分排序，遵循志愿，依次确定录取专业，当专业志愿无法满足时，若服从调剂，则调剂到尚未录满的另一专业，不服从调剂的，作退档处理。

3. 绘画专业，招生计划的 1/5 以文化分择优录取，4/5 以专业分择优录取。

4. 视觉传达设计、环境设计、服装与服饰设计、产品设计、摄影、数字媒体艺术、动画和戏剧影视美术设计（人物造型与化妆 / 戏曲舞台设计）专业统称为设计类专业，统一考试，成绩通用。录取时，设计类招生计划之和的 1/5 以文化分择优录取，4/5 以专业分择优录取。录取时，按分数排序，遵循志愿，依次确定考生的录取专业。当专业志愿无法满足时，若服从调剂，则调剂到尚未录满的设计类专业，不服从调剂的，作退档处理。

5. 艺术设计学专业不组织校考，考生取得美术设计类省统考合格证，以文化分择优录取。

6. 录取时，艺术类专业文理科考生统一排序，统一录取。

7. 录取时优先考虑第一志愿第一专业生源。设计类、广播电视编导、美术学（含视觉艺术策划）专业，在第一志愿第一专业上线生源范围内进行专业调剂。

三、吉林艺术学院属于国家独立设置本科艺术院校，可自主划定文化成绩录取控制分数线，分数线确定后，报各省招生考试机构备案。如生源省级招生考试机构对独立设置本科艺术院校文化成绩录取控制分数线另有要求，吉林艺术学院执行生源省级招生考试机构的标准。

吉林艺术学院2018年本科（美术类专业）招考方向					
教学单位	专业	招考方向（或培养方向）	学制（年）	招生计划	考试科目
美术学院	美术学	美术馆管理、艺术策展与展评	4	50	1. 素描（静物，3小时） 2. 美术常识与艺术评论（笔试，3小时）
	绘画	油画、版画、国画、现代绘画	4	180	1. 色彩（静物，3小时） 2. 素描（人物头像，3小时）
设计学院	视觉传达设计	广告设计、平面设计	4	80	1. 创意思维（色彩表现，3小时） 2. 素描（人物头像，3小时）
	环境设计	室内设计、景观设计	4	80	
	服装与服饰设计		4	40	
	产品设计	产品造型设计、纤维设计、陶瓷与玻璃设计	4	105	
	摄影		4	20	
	艺术设计学		4	10	学校不单独组织考试，考生取得美术设计类省统考合格证即可报考。
	表演	服装与服饰展演	4	20	1. 形体测量（身高、三围、相貌、身材比例） 2. 台步表现（女着比基尼，男着泳裤） 3. 才艺表演 4. 朗诵（自备诗歌、散文、寓言或小说一篇，1分钟）
新媒体学院	数字媒体艺术	数字影像、数字动画、数字娱乐、数字空间、数字交互、媒体应用策划	4	315	1. 创意思维（色彩表现，3小时） 2. 素描（人物头像，3小时）
动漫学院	动画	动画艺术、卡通漫画、建筑动画、动漫周边设计	4	120	1. 创意思维（色彩表现，3小时） 2. 素描（人物头像，3小时）
艺术教育学院	美术学	师范	4	40	1. 色彩（静物，3小时） 2. 素描（人物头像，3小时）
	……	……	……	……	
艺术管理学院	美术学	视觉策划艺术	4	25	1. 素描（静物，3小时） 2. 美术常识与艺术评论（笔试，3小时）
	……	……	……	……	
戏剧影视学院	戏剧影视美术设计	人物造型与化妆	4	20	1. 创意思维（色彩表现，3小时） 2. 素描（人物头像，3小时）
	……	……	……	……	
戏曲学院	戏剧影视美术设计	戏曲舞台设计	4	25	1. 创意思维（色彩表现，3小时） 2. 素描（人物头像，3小时）
	……	……	……	……	
……	……	……	……	……	……

15. 南京艺术学院 Nanjing University of the Arts

官方网址：http://www.nua.edu.cn/
院校地址：南京市北京西路 74 号
考试时间：1 月

录取原则

1. 各省有省统考（或联考）涉及专业达标要求的专业及上表中，考试类型为省统考的专业，考生只需要参加所在省相关专业的省级统考即可；考试类型为省统考、校考的专业，考生所属省有相关专业省级统考（或联考）的，考生必须同时参加该专业的省级统考（或联考）和南京艺术学院校考，省统考成绩合格后，南京艺术学院校考成绩方能生效，否则成绩无效。

2. 各专业具体录取办法以 6 月初在南京艺术学院本科招生网站上（http://zhaosheng.nua.edu.cn/）公布为准。

3. 报考南京艺术学院艺术类专业的江苏省考生，文化分是指考生语文、数学、外语三门原始分（不含附加分）与政策性奖励分、照顾分之和。

4. “外省考生按文化分择优录取”，即按文化分比值由高到低排序，文化分比值 = 考生文化高考成绩 ÷ 考生所属省普通类本二文科（或理科）省控线。

“外省考生按文化分和专业分之和择优录取”，即按综合分由高到低排序，综合分 = 考生文化高考成绩 ÷ 考生所属省普通类本二文科（或理科）省控线 × 专业满分值 + 考生专业分。

5. 美术学、艺术设计学、美术学（文物鉴赏与修复）、美术学（文遗研究）、广告学、公共事业管理、文化产业管理专业，只招收普通类（非艺术类）或艺术兼文科、艺术兼理科考生，考生直接参加所属省文化高考，专业免试，依据各省普通类本二文科或理科分数线，按考生高考文化成绩择优录取。美术学、艺术设计学、美术学（文物鉴赏与修复）、美术学（文遗研究）均按艺术类专业学费标准收费。

6. 外省考生绘画、中国画、雕塑、公共艺术、环境设计、视觉传达设计、服装与服饰设计、产品设计、艺术与科技、戏剧影视美术设计、摄影、动画、数字媒体艺术专业，统称为美术设计类专业，为统一考试，专业成绩通用。

7. 艺术类专业在外省不编制分省计划。各专业招生计划以上级批文为准，详见各省教育主管部门发布的招生计划专刊。

南京艺术学院2018年本科（美术类专业）招考方向								
教学单位	专业序号	招生专业	学制	招生名额	学费（元/年）	专业考试类型	录取办法（摘要）	备注
美术学院	01	绘画	4年	110	11000	江　苏：省统考 外　省：省统考、校考	江苏：文化分、专业分均达江苏省美术统考本科批次省控线，按文化分与省美术统考专业分之和录取。 外省：文化分达考生所属省普通类本二文科或理科省控线70%，省美术统考专业合格，按文化分与校考专业分之和录取（计算公式见表后标注）	江苏考生： 参加江苏省美术统考 外省考生： ①素描（头像，默写，提供相关图片，8开画纸）。②色彩（静物默写，提供相关图片，4开画纸）
	02	中国画	4年	30	11000			
	03	雕塑	5年	20	11000			
	04	书法学	4年	20	11000	省统考、校考	江苏：文化分达江苏省普通类本二文科省控线★90%★80%，按文化分录取。 外省：文化分达考生所属省普通类本二文科或理科省控线80%，按文化分录取（计算公式见表后标注）	①楷书、行书临摹：根据所提供的碑帖范本，各选楷书、行书一种，四尺三开竖式。 ②命题创作：行书、隶书、篆书、草书各体任选一种，四尺三开竖式
	05	美术学	4年	45	9000	专业免试	按各省普通类本二文科高考成绩择优录取	
设计学院	06	公共艺术	4年	30	10000	江苏：省统考 外省：省统考、校考	江苏：文化分、专业分均达江苏省美术统考本科批次省控线，按文化分与省美术统考专业分之和录取。 外省：文化分达考生所属省普通类本二文科或理科省控线70%，省美术统考专业合格，按文化分与校考专业分之和录取（计算公式见表后标注）	江苏考生： 参加江苏省美术统考 外省考生： ①素描（头像，默写，提供相关图片，8开画纸）。②色彩（静物默写，提供相关图片，4开画纸）
	07	环境设计	4年	70	11000			
	08	视觉传达设计	4年	70	11000			
	09	服装与服饰设计	4年	40	10000			
	10	工艺美术	4年	120	10000	省统考、校考	江苏：文化分、专业分均达江苏省美术统考本科批次省控线，按文化分与校考专业分之和录取。 外省：文化分达考生所属省普通类本二文科或理科省控线70%，省美术统考专业合格，按文化分与校考专业分之和录取（计算公式见表后标注）	①线描 ②装饰设计
	11	艺术设计学	4年	30	9000	专业免试	按各省普通类本二文科或理科高考成绩择优录取	
工业设计学院	12	产品设计	4年	85	11000	江　苏：省统考 外　省：省统考、校考	江苏：文化分、专业分均达江苏省美术统考本科批次省控线，按文化分与省美术统考专业分之和录取。 外省：文化分达考生所属省普通类本二文科或理科省控线70%，省美术统考专业合格，按文化分与校考专业分之和录取（计算公式见表后标注）	江苏考生： 参加江苏省美术统考 外省考生： ①素描（头像，默写，提供相关图片，8开画纸）。②色彩（静物默写，提供相关图片，4开画纸）

南京艺术学院2018年本科（美术类专业）招考方向								
工业设计学院	13	艺术与科技	4年	55	10000		江苏：文化分、专业分均达江苏省美术统考本科批次省控线，按文化分与省美术统考专业分之和录取。 外省：文化分达考生所属省普通类本二文科或理科省控线70%，省美术统考专业合格，按文化分与校考专业分之和录取（计算公式见表后标注）	江苏考生： 参加江苏省美术统考 外省考生： ①素描（头像，默写，提供相关图片，8开画纸）。②色彩（静物默写，提供相关图片，4开画纸）
影视学院	32	戏剧影视文学（影视策划与制片）	4年	22	9000	省统考、校考		
	33	戏剧影视美术设计	4年	14	10000	江苏：省统考 外省：省统考、校考	江苏：文化分、专业分均达江苏省美术统考本科批次省控线，按文化分与省美术统考专业分之和录取 外省：文化分达考生所属省普通类本二文科或理科省控线70%，省美术统考合格，按文化分与校考专业分之和录取（计算公式见表后标注）	江苏考生：参加江苏省美术统考 外省考生：①素描（头像，默写，提供相关图片，8开画纸）。②色彩（静物默写，提供相关图片，4开画纸）
传媒学院	41	摄影	4年	25	10000	江苏：省统考 外省：省统考、校考	江苏：文化分、专业分均达江苏省美术统考本科批次省控线，按文化分与省美术统考专业分之和录取。 外省：文化分达考生所属省普通类本二文科或理科省控线70%，省美术统考合格，按文化分与校考专业分之和录取（计算公式见表后标注）	江苏考生：参加江苏省美术统考 外省考生：①素描（头像，默写，提供相关图片，8开画纸）。②色彩（静物默写，提供相关图片，4开画纸）
	42	动画	4年	57	10000			
	43	数字媒体艺术	4年	50	11000			
	44	广告学	4年	20	5200	专业免试	按江苏省普通类本二文科高考成绩择优录取	
	45	数字媒体艺术（中英合作办学）	4年	50	19200	江苏：省统考	江苏：文化分、专业分均达江苏省美术统考本科批次省控线，按文化分与省美术统考专业分之和录取	江苏考生：参加江苏省美术统考 外省考生：①素描（头像，默写，提供相关图片，8开画纸）。②色彩（静物默写，提供相关图片，4开画纸）
	46	广播电视编导（中美双向交流项目）	4年	50	10000	江苏：省统考、校考	江苏：江苏省广播电视编导统考及校考专业成绩双合格，文化分达江苏省普通类本二文科省控线×90%×90%，按文化分录取	
	47	影视摄影与制作（中美双向交流项目）	4年	50	10000	江苏：校考	江苏：专业成绩合格，文化分达江苏省普通类本二文科省控线×90%×90%，按文化分录取	

南京艺术学院2018年本科（美术类专业）招考方向								
人文学院	48	艺术史论	4年	30	9000	省统考、校考	江苏：专业成绩合格，文化分达江苏省普通类本二文科省控线×90%×90%，按文化分录取 外省：专业成绩合格，文化分达考生所属省普通类本二文科或理科省控线90%，按文化分录取	①美术史或美术作品评价； ②音乐史或音乐作品评价
	49	美术学（文物鉴赏与修复）	4年	45	9000	专业免试	按各省普通类本二文科或理科高考成绩择优录取	
	50	美术学（文遗研究）	4年	30	9000	专业免试	按各省普通类本二文科高考成绩择优录取	
文化产业学院	51	公共事业管理	4年	40	5200			
	52	文化产业管理	4年	100	5200	专业免试	按各省普通类本二文科或理科高考成绩择优录取	
与苏州工艺美术职业技术学院联合培养4+0项目	53	工艺美术（与苏工艺联合培养4+0项目）	4年	50	10000	江苏：省统考、校考	江苏：文化分、专业分均达江苏省美术统考本科批次省控线，按文化分与校考专业分之和录取	①线描； ②装饰设计

（1）江苏省考生
①美术学、艺术设计学、美术学（文物鉴赏与修复）、美术学（文遗研究）、广告学、公共事业管理、文化产业管理专业，只招收普通类（非艺术类）或艺术兼文科、艺术兼理科考生，考生直接参加江苏省文化高考，专业免试，依据江苏省普通类本二文科或理科分数线，按考生高考文化成绩择优录取。
②报考工艺美术、工艺美术（与苏工艺联合培养4+0项目）专业的江苏省考生，必须参加美术专业江苏省统考，且成绩达江苏省艺术本科（美术统考）省控线，否则专业校考成绩无效。
③数字媒体艺术（中英合作办学）、广播电视编导（中美双向交流项目）、影视摄影与制作（中美双向交流项目）、工艺美术（与苏工艺联合培养4+0项目）的专业只招收江苏考生。
报考影视摄影与制作（中美双向交流项目）专业的江苏考生只须在校内考点参加校考。
（2）外省考生
①我校除南艺校内考点外，部分专业在外省设有专业考点，各考点进行考试的专业不同，外省考生请根据拟报考的专业以及各考点的相关规定，选择相应考点参加专业考试。凡考生高考所在省设有考点，考生只能在本省考点参加专业考试。
②报考南京艺术学院的外省考生，如选择在南艺校内考点参加考试的，必须远程网上报名．
（3）各省考试院对艺术类专业统考有政策要求，考生应依据所在省份的文件要求慎重报考；考生报考专业涉及到所属省级统考（或联考）有达标要求的，考生必须参加省级统考，且成绩合格。省级统考不合格的考生，参加我校专业考试成绩无效。

16. 江南大学 Jiangnan University

官方网址：http://www.jiangnan.edu.cn/
院校地址：江苏省无锡市蠡湖大道 1800 号
考试时间：3 月初

录取原则

一、录取原则：

（一）采用校考成绩录取

1. 政治思想、体检符合标准，专业校考成绩和省统考成绩合格，文化成绩达到生源所在省（市、区）艺术类本科同科类录取控制分数线要求。山西省考生文化成绩达到山西省艺术类本科第二批同科类录取控制分数线要求。

2. 对于上海市、浙江省考生，选考科目不限。

3. 录取办法：

（1）第一志愿报考江南大学，文理兼招，依据综合成绩统一划定录取分数线。综合成绩 =（专业校考成绩 ×40%+ 文化成绩 ×60%）×2，文化和专业校考满分均按 750 分计算。

（2）按照综合成绩优先、遵循志愿的原则录取，综合成绩相同按专业校考成绩录取。

（二）采用省统考成绩录取

1. 政治思想、体检符合标准，省统考成绩合格，文化成绩达到生源所在省（区、市）艺术类本科同科类录取控制分数线要求。

2. 录取办法：

（1）不实行平行志愿投档的省份，依据综合成绩统一划定录取分数线，综合成绩 = 专业省统考成绩 + 文化成绩。按照综合成绩优先、遵循志愿的原则录取，综合成绩相同按专业省统考成绩录取。

（2）实行平行志愿投档的省份，对于进档考生，按照投档的综合成绩优先、遵循志愿的原则录取，综合成绩相同按专业省统考成绩录取。

江南大学 2018 年本科（美术类专业）招考方向			
采用校考成绩录取的招生专业、计划、省份和考试内容			
招生专业、代码	招生计划	专业考试科目、时间及分值	招生范围
视觉传达设计 130502	55	1. 素描（默写） 90 分钟，满分 250 分 2. 色彩（默写） 90 分钟，满分 250 分 3. 设计基础 120 分钟，满分 250 分 （1）综合设计，90 分 （2）装饰（图案），80 分 （3）文字或图形创意，80 分	北京、天津、山西、辽宁、吉林、上海、浙江、江西、山东、广东、广西、重庆、四川、贵州、云南、西藏、陕西、甘肃、青海、宁夏、新疆、黑龙江、内蒙古
环境设计 130503	55		
产品设计 130504	50		
服装与服饰设计 130505	55		
公共艺术 130506	22		
数字媒体艺术 130508	41		
美术学（师范）130401	22		
合计	300	备注：不编制分省招生计划。	
采用省统考成绩录取的招生专业、计划和省份			
招生专业、代码	招生计划	专业考试科目、时间及分值	招生范围
视觉传达设计 130502	45	1. 考生无需参加学校组织的专业校考。 2. 分省分专业招生计划最终以各省级招生考试机构公布的为准。	河北、江苏、安徽、福建、河南、湖北、湖南
环境设计 130503	45		
产品设计 130504	40		
服装与服饰设计 130505	45		
公共艺术 130506	18		
数字媒体艺术 130508	34		
美术学（师范）130401	18		
合计	245		

17. 东华大学 Donghua University

官方网址：http://www.dhu.edu.cn/
院校地址：上海市松江区人民北路 2999 号（松江校区）
　　　　　上海市延安西路 1882 号（延安路校区）
考试时间：1 ～ 2 月

录取原则

根据教育部相关文件规定，高考文化成绩达到生源省份相应的艺术类本科录取控制分数线，具有东华大学校考专业合格证，并且考生所在省专业统考合格，政治思想品德和体检合格，在此基础上按以下原则进行录取：

1. 服装与服饰设计、设计学类（中外合作办学）（服装设计中日合作）、环境设计、产品设计、数字媒体艺术、视觉传达设计、艺术与科技、设计学类（中外合作办学）（服装设计中英合作）、设计学类（中外合作办学）（环艺设计中英合作）等专业：按考生的综合成绩由高到低排序，并按照“分数优先、遵循考生志愿、各专业志愿之间无级差分”的原则择优录取。综合成绩计算公式如下：

综合成绩＝专业考试成绩＋（专业考试满分 ÷ 高考文化满分）× 高考文化成绩

说明：对于上海市生源考生，专业考试成绩为上海市专业统考成绩，不需要参加校考；对于其他省生源考生，专业考试成绩为东华大学组织的专业考试成绩。

2. 服装与服饰设计、环境设计、产品设计、数字媒体艺术、视觉传达设计、艺术与科技等专业要求考生外语单科成绩不得低于 70 分（满分为 150 分）。

3. 设计学类（中外合作办学）（服装设计中英合作）、设计学类（中外合作办学）（环艺设计中英合作）高考英语单科成绩不低于 90 分（满分为 150 分）。

东华大学 2018 年本科（美术类专业）招考方向				
学院	报名专业（招考方向）及代码	招生人数	学制 / 学历	考试科目
服装与艺术设计学院	服装与服饰设计（含服装艺术设计方向、纺织品艺术设计方向）	115	四年 / 本科	①素描：2.5 小时 素描考题：小孩头像线稿。 ②色彩（水粉）：2.5 小时 静物自由组合画面：竹节笔筒 1 个，不锈钢餐刀 1 把，线装古书 1~2 本，插着红蜡烛的铜制烛台 1 个，可乐 1 瓶，汉堡 1 个，方形高脚瓷盘 1 个，莲蓬 2~3 个。 要求：背景一律以暖色衬布和白色衬布搭配，画幅尺寸为 8k 纸，要求一律横构图，四周留白 1 厘米。 ③设计基础：：2.5 小时 《中国古典建筑》装饰性主题创意设计，围绕主题提供的参考摄影作品，运用形式美法则，在尊重原作品角色、意境的基础上，根据自己对作品的理解，对摄影作品中角色形态、周边氛围，进行有效的素材添加并以装饰性艺术手法创意设计。 要求： 1. 统一横构图，构图有创意，具有一定的装饰意境。 2. 在 8k 纸上，20cm×20cm 以外不得有任何设计说明、符号、文字等，否则视为废卷。 3. 色彩表现，以水彩、水粉为主，其他色彩工具不限。色彩大于 5 种（含 5 个颜色），装饰性技法与风格不限。
	设计学类(中外合作办学)(服装设计中日合作)	100		
	环境设计	48		
	产品设计	48		
	数字媒体艺术	48		
	视觉传达设计	48		
	艺术与科技	25		
	表演	50		
上海国际时尚创意学院	设计学类（中外合作办学）（服装设计中英合作）	18		
	设计学类（中外合作办学）（环艺设计中英合作）	22		

18. 上海戏剧学院 Shanghai Theatre Academy

官方网址：http://www.sta.edu.cn
院校地址：上海市静安区华山路630号（华山路校区）
上海市闵行区莲花路211号（莲花路校区）
上海市长宁区虹桥路1674号（虹桥路校区）
考试时间：2月末至3月初

录取原则

根据教育部关于普通高等艺术院校招生的相关规定，上海戏剧学院可根据各专业（方向）合格人数，参照招生计划数，确定高考录取控制分数线，具体办法按照教育部教学厅〔2017〕15号文件执行。凡上海戏剧学院专业考试合格，在上海戏剧学院高考录取控制分数线以上的考生分别按以下办法从高分到低分择优录取：高考文化成绩折算分 = 高考文化成绩 ÷ 本省市普通类一本线 ×750。

<table>
<tr><th>序号</th><th>专业</th><th>录取成绩排序方法</th><th>单科要求</th></tr>
<tr><td>1</td><td>表演（戏剧影视）</td><td rowspan="13">按专业成绩录取</td><td rowspan="9">–</td></tr>
<tr><td>2</td><td>表演（音乐剧）</td></tr>
<tr><td>3</td><td>表演（木偶）</td></tr>
<tr><td>4</td><td>表演（京剧）</td></tr>
<tr><td>5</td><td>表演（戏曲音乐）</td></tr>
<tr><td>6</td><td>舞蹈表演（芭蕾舞）</td></tr>
<tr><td>7</td><td>舞蹈表演（中国舞）</td></tr>
<tr><td>8</td><td>舞蹈表演（国标舞）</td></tr>
<tr><td>9</td><td>绘画</td></tr>
<tr><td>10</td><td>戏剧影视导演</td><td rowspan="7">语文不低于90分（150分制）。（注：新疆汉语言和民考汉考生语文不低于90分，其余新疆考生的“汉语”科目不低于90分。）</td></tr>
<tr><td>11</td><td>影视摄影与制作</td></tr>
<tr><td>12</td><td>戏剧影视导演（戏曲）</td></tr>
<tr><td>13</td><td>播音与主持艺术</td></tr>
<tr><td>14</td><td>戏剧影视文学</td><td rowspan="3">合成分：专业成绩（换算成750分制）+ 高考文化成绩折算分</td></tr>
<tr><td>15</td><td>戏剧影视文学（教育戏剧）</td></tr>
<tr><td>16</td><td>广播电视编导</td></tr>
<tr><td>17</td><td>视觉传达设计</td><td rowspan="2">合成分：专业成绩 + 高考文化成绩折算分</td><td rowspan="3">–</td></tr>
<tr><td>18</td><td>动画</td></tr>
<tr><td>19</td><td>戏剧影视美术设计（舞台设计、灯光设计、服装与化妆设计）</td><td>合成分：高考文化成绩折算分 ×45% + 专业成绩</td></tr>
</table>

（一）根据教育部教学厅〔2017〕15号文件要求，考生高考文化成绩不得低于所在省市艺术类同科类本科最低分数线，表演（京剧）、舞蹈表演专业可适当降低要求。

1. 若考生报考的某一专业（方向）涉及多个省统考科类，经省级招生考试机构与我校共同协商认定后，在考生取得合格资格的统考科类中，参照较低科类的本科录取控制分数线。

2. 山西省艺术类本科最低分数线参照山西省本科艺术类第一批分数线，湖南省艺术类本科最低分数线参照湖南省本科二批录取控制分数线的 65%。

（二）高考文化成绩达到所在省市普通类本科第一批次分数线者（根据该专业招生计划数及录取办法）优先录取，如所报考专业（方向）有语文单科要求的须不低于 90 分（150 分制）。

（三）各专业（方向）的文化成绩、专业成绩任一单科或项目不得缺考或零分。

（四）关于计划科类：表演（戏剧影视、音乐剧）按教育部批准的分省市分专业计划录取， 各专业方向内不分文理，统一排序、计划共用。其他校考专业（方向）不分文理，全国统招。

（五）表演（戏曲音乐）专业按乐器种类分别排序。

（六）两个及两个以上专业（方向）合格的考生，学校根据考生填报志愿顺序结合考试成绩进行录取。

（七）在各专业录取原则基础上，若遇专业成绩或“合成分”相同且同分人数大于剩余计划数的，则依次、逐项比较专业成绩、高考文化成绩折算分、语文、外语、数学成绩，择优录取。其中，语文、外语、数学科目均折算成 150 分制。

（八）关于“普通类本科第一批次分数线”（以下简称“一本线”）因原“一本”批次合并，上海、山东、海南的“一本线”视为当年该地区的本科自主招生录取控制分数线，浙江的“一本线”视为当年“普通类一段线”，如上述省级招生考试机构有其他规定的，按新规定执行。其他本科批次合并的省（自治区、直辖市）按省级招生考试机构规定执行。

（九）艺术类考生文化考试总分与普通类考生文化考试总分不一致的省份（如江苏），“一本线”以该省给定的参考分数线为准，未给定参考分数线的省份，则参考“一本线” = 艺术类考生文化考试总分 ÷ 普通类考生文化考试总分 × “一本线”。

<table>
<tr><th colspan="5">上海戏剧学院 2018 年本科（美术类专业）招考方向</th></tr>
<tr><th>院 系</th><th>专业</th><th>学制（年）</th><th>招生人数</th><th>考试科目</th></tr>
<tr><td rowspan="4">舞台美术系</td><td>戏剧影视美术设计（舞台设计）</td><td>4</td><td>15 人</td><td rowspan="7">（一）初试：（300 分）
①色彩画（150 分）：以各类物体组成画面，进行色彩（用水粉、水彩）绘画。
②素描（150 分）：以各类物体或人物组成画面，进行单色（用铅笔）绘画。
（二）复试：（250 分）
①命题创作（150 分）：根据专业要求，统一命题，进行具有一定创作性的绘画创作。
②面试（100 分）：以教师提问考生回答的形式，了解考生的动画基础、艺术常识与综合素质。
（1）视听艺术分析：考生通过看图画、听音乐，进行内容表述，考查考生的艺术想象力，以及对于视觉艺术、听觉艺术作品的理解力。
（2）综合知识测试：以广泛的文学艺术、社会科学常识等题目，考查学生的综合知识面。</td></tr>
<tr><td>戏剧影视美术设计（灯光设计）</td><td>4</td><td>15 人</td></tr>
<tr><td>戏剧影视美术设计（服装与化妆设计）</td><td>4</td><td>20 人</td></tr>
<tr><td>绘画</td><td>4</td><td>10 人</td></tr>
<tr><td rowspan="3">创意学院</td><td>动画</td><td>4</td><td>12 人</td></tr>
<tr><td>视觉传达设计</td><td>4</td><td>16 人</td></tr>
<tr><td>艺术管理</td><td>4</td><td>30 人</td><td>普通类“一本”批次招生，分省计划待定。</td></tr>
</table>

19. 上海视觉艺术学院 Shanghai Institute of Visual Art

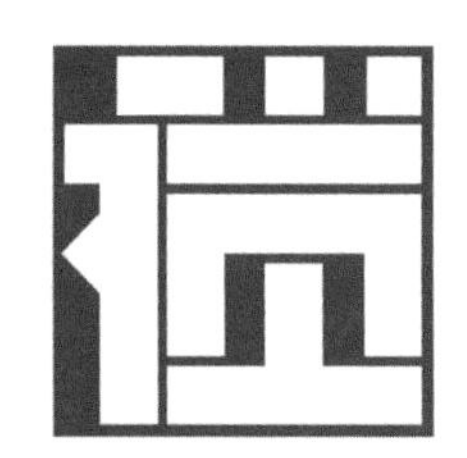

官方网址：http://www.siva.edu.cn/
院校地址：上海市松江大学城文翔路 2200 号
考试时间：3 月初

录取原则

一、招生计划

2018 年，上海视觉艺术学院共有视觉传达设计、产品设计、环境设计、艺术与科技、数字媒体艺术、动画、摄影、广播电视编导、播音与主持艺术、工艺美术、服装与服饰设计、雕塑、绘画、公共艺术、表演、文物保护与修复和文化产业管理等共 17 个专业，总计招生 1080 名（以教育主管部门批文为准）。

按照教育部和上海市教委有关政策要求，根据国家和地方经济及文化发展需要，结合学校办学条件及发展规划，提升内涵，提高质量，促进就业，综合确定分省分专业招生计划。2018 年学校视觉传达设计、产品设计、环境设计、艺术与科技、数字媒体艺术、动画、工艺美术、服装与服饰设计、雕塑、绘画、公共艺术和文物保护与修复专业，需参加所在省市美术类统考，招生面向上海、江苏、浙江、安徽、山东、河南、辽宁、黑龙江、河北、湖南、四川、广东、贵州、吉林、福建、重庆、江西、山西、新疆等省（区、市）。摄影、广播电视编导、播音与主持艺术、表演专业需参加我校校考，面向全国各省市招生，如所在省市有相关统考要求的，需在专业类统考合格的基础上，参加校考。文化产业管理专业按照分省计划在普通类二本批次招生，不设校考。

二、录取原则

上海视觉艺术学校招生录取工作按照教育部和上级教育部门的有关规定执行，以“公平、公正、公开”为原则，坚持阳光招生。根据专业志愿优先的原则，分专业录取具体规则如下，无专业级差。成绩相同依次按照相关类别统考成绩、高考文化成绩、外语成绩、语文成绩从高分到低分择优录取。

（一）根据教育部教学厅〔2017〕15 号文件要求，考生高考文化成绩不得低于所在省市艺术类同科类本科最低分数线，表演（京剧）、舞蹈表演专业可适当降低要求。

上海视觉艺术学院2018年本科（美术类专业）招考方向				
学 院	专业	专业类别	招生人数	录取规则
设计学院	视觉传达设计（含视觉与信息设计、包装传播设计方向）	美术类（一）	48人	美术类省统考成绩合格。 按照综合分从高到低择优录取。 （综合分 = 高考文化分 + 美术类统考专业分 x[文化满分 ÷ 专业满分]）
	环境设计（含会展设计与策划、室内设计、生态建筑设计方向）		68人	
	产品设计（含战略设计与创新、整合创新设计方向）		38人	
新媒体艺术学院	......	......	......	......
	动画（含动画、创意动画、数字互动娱乐美术方向）	美术类（一）	80人	美术类省统考成绩合格。 按照综合分从高到低择优录取。 （综合分 = 高考文化分 + 美术类统考专业分 ×[文化满分 ÷ 专业满分]）
	艺术与科技（含演出空间设计、数字媒体技术、交互媒体艺术、数字互动娱乐策划、数字互动娱乐电竞方向）		130人	
时尚设计学院	服装与服饰设计（含服装艺术设计、时尚设计与传播、纤维艺术设计、针织时装设计、时装·针织·运动方向）		125人	
	工艺美术（含玻璃与陶瓷设计、珠宝与饰品设计方向）		50人	
	......	......	......	......
美术学院	绘画	美术类（二）	25人	美术类省统考成绩合格。 按照美术类统考专业成绩从高到低择优录取。
	雕塑		25人	
	公共艺术		25人	
	数字媒体艺术	美术类（一）	25人	美术类省统考成绩合格。 按照综合分从高到低择优录取。 （综合分 = 高考文化分 + 美术类统考专业分 x[文化满分 ÷ 专业满分]）
文物保护与修复学院	文物保护与修复	美术类（三）	45人	美术类省统考成绩合格。 按照高考文化成绩从高到低择优录取。
文化创意产业管理学院	文化产业管理	普通类	120人	在普通类二本批次，按照高考文化成绩从高到低择优录取。
......	......	......	......	......
备注	1. 上述录取规则均以投档考生艺术类专业考试成绩达线（专业所在批次线），且高考文化成绩达到本省市艺术类本科录取控制线（普通类专业除外）为前提。各省市考试院或本校另有明确规定的，按有关规定执行。 2. 美术类各专业录取时，按上述专业大类分别统一划线，在专业大类内部根据考生填报志愿进行专业调剂录取，大类之间原则上不进行调剂录取。只有在某一专业大类第一志愿生源不足的情况下，才会在报考其他美术专业大类的线下考生中进行择优调剂。非美术类专业原则上不进行调剂录取。			

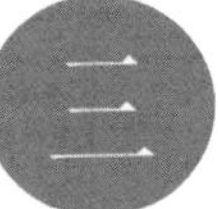

三 重点综合性院校（部分）

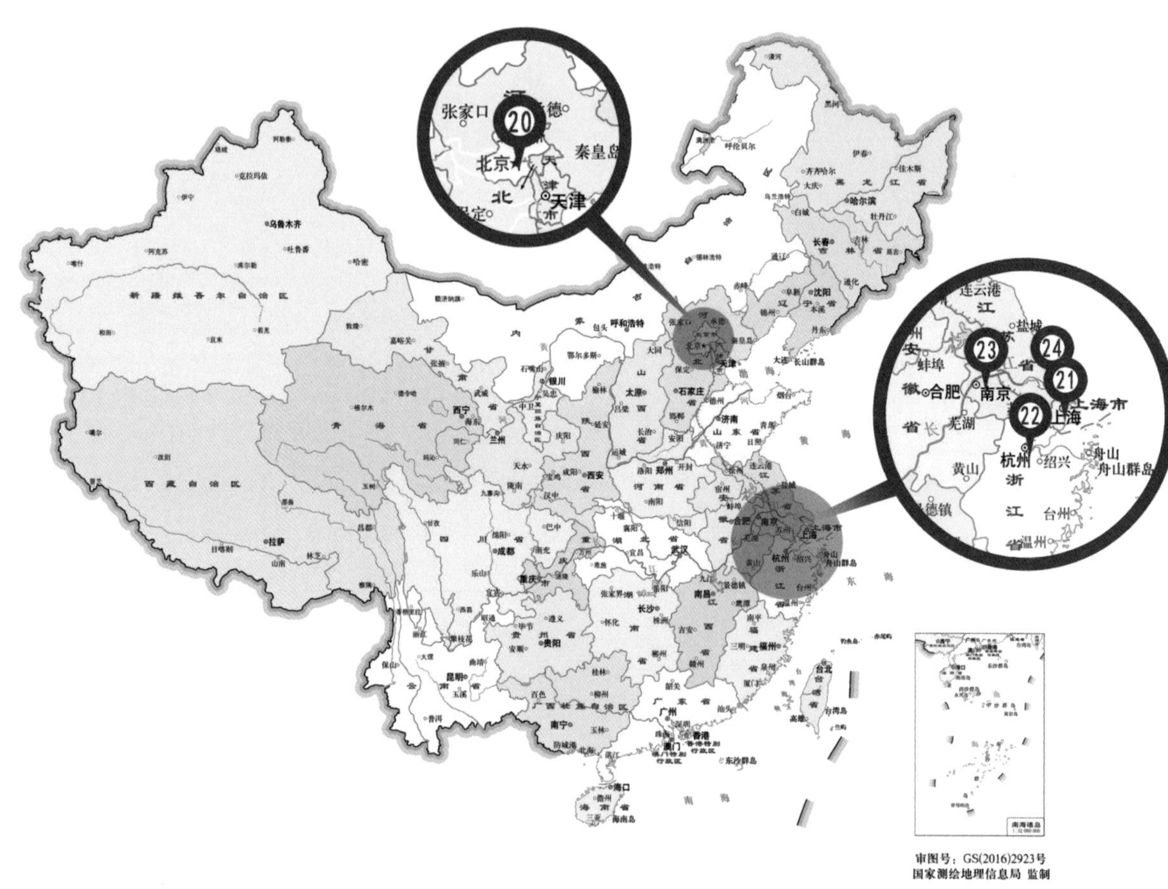

地图下载于标准地图服务系统（国家测绘地理信息局）。

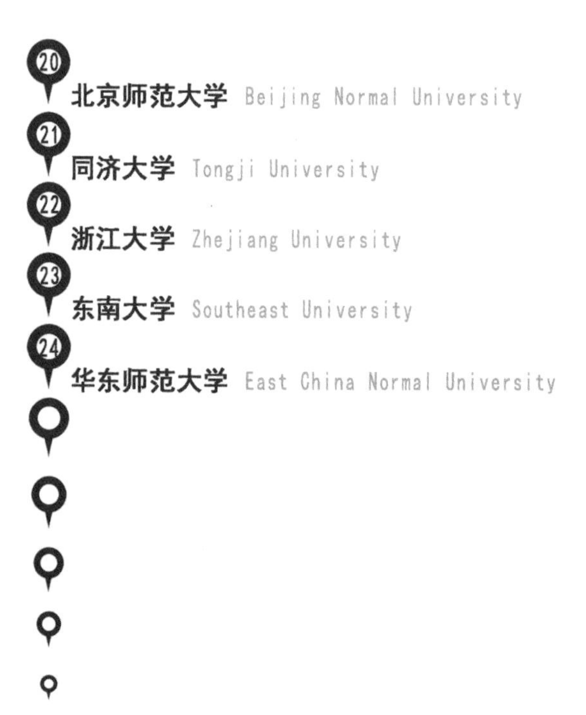

20 **北京师范大学** Beijing Normal University

21 **同济大学** Tongji University

22 **浙江大学** Zhejiang University

23 **东南大学** Southeast University

24 **华东师范大学** East China Normal University

20. 北京师范大学 Beijing Normal University

官方网址：www.art.bnu.edu.cn/
学校地址：北京市海淀区新街口外大街 19 号（海淀校区）
西城区定阜街 1 号 （西城辅仁校区）
昌平区沙河高教园（昌平校区）
考试时间：2 月末至 3 月初

录取原则

（一）考生均须参加本省组织的普通高等学校招生全国统一考试（以下简称“文化课考试”）。

（二）有艺术类省级统考的，考生须按省级招办规定参加报考专业对应艺术类省级统考并合格。

（三）美术学（含美术学专业、艺术设计学专业）面向北京、河北、河南、湖南、山东、辽宁、湖北和黑龙江省招生，在保证合格考生所在省份均有招生计划的前提下，北京师范大学根据各省校考生源情况分配各省份招生计划数。其余各专业（含招考方向）均面向全国招生，不编制分省分专业招生计划。

（四）各专业（含招考方向）依据各试合格考生的专业校考成绩（满分 750 分），由高到低分专业（含招考方向）按招生计划数 4 倍的比例发放合格资格。考生须通过北京师范大学本科招生网“网上报名系统”（http://admissionold.bnu.edu.cn/admission）查询校考结果，学校不再以其他方式通知本人。

（五）各专业加设文化课单科（按满分 150 分计）和文化课成绩总分（不含政策性加分，下同）录取控制分数线，具体要求如下：

招生专业	文化课总分要求	单科要求	
		语文	外语
美术学（含美术学和艺术设计学专业）	达到考生所在省份同科类艺术类本科录取控制线	80	70
……		70	70
书法学		90	90
戏剧影视文学 数字媒体艺术	达到考生所在省份同科类（文 / 理科）一批本科控制线的 90%	90	90

说明：对于合并本科批次的省份，一批本科控制线参照省级招生考试机构划定的高校艺术团参考录取控制分数线，浙江省、上海市一批本科控制线参照教育部及省级文件规定执行。

（六）在文化课考试和专业考试成绩合格的基础上，按考生文化课成绩（不分文理科，满分 750 分）和专业考试成绩之和形成的综合成绩，分专业（含招考方向）由高到低排队，择优录取。对于综合成绩相同的考生，按照专业考试成绩由高到低排队，择优录取。

北京师范大学2018年本科（美术类专业）招考方向				
学 院	专业	学制（年）	招生人数	考试科目
艺术与传媒学院	数字媒体艺术	4	14人	初试（笔试，满分250分） ①文学常识：中外艺术、文学基础知识问答（150分） ②形象绘制：将图片中的人物照片绘制成速写造型（100分） 复试（满分300分） ①面试： 阐述构思：在规定的时间内，按照题目构思情节完整的原创故事，并现场讲述（100分） ②笔试： 故事创作：根据命题用画面和文字描述故事情节（200分） 三试（面试，满分200分） ①现场问答：读图问答（100分） ②才艺展示：现场展示个人才艺（美术、电脑或其他特长展示）(100分)
	书法学	4	11人	①临帖：对临指定碑帖（250分） ②创作I：楷书，将指定文字写成书法作品(250分) ③创作II：篆、隶、行、草任选一种，不得为楷书，将指定文字写成书法作品（250分）
	美术学(含美术学专业、艺术设计学专业)	4	22人	①素描：4开半身带手写生（300分） ②速写：8开场景速写（150分） ③色彩：4开色彩创意写生（300分）
	……	……	……	……

21. 同济大学 Tongji University

官方网址：https://www.tongji.edu.cn/

学校校址：上海市杨浦区四平路 1239 号 [四平路校区（主校区）]
上海市嘉定区曹安公路 4800 号（嘉定校区）
上海市普陀区真南路 500 号（沪西校区）
上海市普陀区中山北路 727 号 （沪北校区）
意大利佛罗伦萨市托斯卡纳大区 （海外校区）

录取原则

一、投档

按照各省级招办规定的投档方式进行投档。

注：各省艺术类投档方式不同，请考生关注各省相关政策规定。

二、录取

同济大学对各省依照省级招办投档规则投档进校的考生进行专业录取，录取规则如下：

1. 同济大学按考生的专业统考成绩和高考投档成绩计算进档考生的合成分。

[合成分 =(专业统考成绩 / 专业统考满分) × 400+(高考投档成绩 / 高考文化满分) × 600]。

文理兼收的省份，按照合成分从高到低文理统一排序，择优录取；区分文理招生的省份，按照合成分从高到低文、理分别排序，择优录取。

2. 合成分相同考生，以专业统考成绩高者优先录取；专业统考成绩、高考投档成绩相同考生，依次以语文、外语、数学成绩的高低为录取顺序。

3. 同济大学以第一学校志愿招生录取，当第一学校志愿考生生源不满招生计划数时，先录取第一学校志愿考生，余下招生计划补录非第一学校志愿考生。

三、复查

新生入学后，学校将根据教育部文件规定进行新生入学资格审查和专业复测工作。一经发现有不符者，取消入学资格。

同济大学2018年本科（美术类专业）招考方向											
教学单位	总数	招生计划									
		福建	湖南	上海	北京	江苏	浙江	山东	广东	四川	重庆
设计创意学院（设计学类）	40	文1 理1	文1 理1	文13	文2	文4	文4	文3	文4	文4	文2
艺术与传媒学院（动画）	23		理3	文9		文4	文3	文4			
备注	参加高考所在省级考试部门统一组织的美术类专业考试，成绩达到省统考本科合格分数线，取得美术类。 专业省统考合格证，且高考文化总分（含政策加分）达到所参加高考省份高招办划定的我校艺术类专业。 招生批次相应录取控制分数线。										

22. 浙江大学 Zhejiang University

官方网址：http://www.zju.edu.cn
学校校址：杭州市西湖区浙大路 38 号（玉泉校区）
杭州市西湖区天目山路 148 号（西溪校区）
杭州市西湖区之江路 51 号（之江校区）
杭州市江干区凯旋路 268 号（华家池校区）
杭州市西湖区余杭塘路 866 号（紫金港校区）
舟山市定海区浙大路 1 号（舟山校区）
海宁市海州东路 718 号（海宁校区）

录取原则

一、浙江大学 2018 年设计学类专业

（一）专业考试

按考生所在省级教育考试院规定的美术类专业统一考试的报名办法、报名时间、专业考试科目等执行，根据教育部关于普通高等学校艺术类招生办法的通知精神，结合学校招生具体情况，学校专业考试成绩采用省级教育考试院统一组织的美术类专业统考专业考试成绩。

浙江大学设计学类采用各省级教育考试院统一组织的美术类（素描、色彩类）专业统考专业考试成绩，我校不单独组织专业校考。

（二）文化课考试

1. 考生到户口所在省、自治区、直辖市的高招办报名参加全国普通高等学校招生文化课统一考试（按艺术类报名）。

2. 高考按考生所在省（区、市）普通高等学校招生主管部门的有关规定进行。

3. 考生报考时外语语种不限，入学后学校只提供英语教学，请考生酌情报考。

（三）录取办法

1. 学校根据考生政治思想素质、身体素质、专业课及文化课成绩全面衡量，择优录取。

2. 单科语文和英语分别达到 90 分和 80 分（高考满分 150 分），其中江苏考生要求语文 96 分、外语 64 分，高考文化课总分达到考生所在省、自治区、直辖市美术类本科分数线。

3. 非平行志愿省份按综合分[（专业统考成绩 / 专业统考满分）× 0.4 × 750+（高考投档成绩 / 高考文化满分）× 0.6 × 750] 排名择优录取。平行志愿省份，按省考试院相关投档政策投档后择优录取。

二、浙江大学 2018 年书法学专业

（一）专业考试

参加生源所在省份组织的全省书法专业联考。

（二）文化课考试

1. 考生到户口所在省、自治区、直辖市的高招办报名参加全国普通高等学校招生文化课统一考试（按艺术类报名）。

2. 高考按考生所在省（区、市）普通高等学校招生主管部门的有关规定进行。

3. 考生报考时外语语种不限，入学后我校只提供英语教学，请考生酌情选报。

（三）录取办法

1. 学校根据考生政治思想素质、身体素质、专业课及文化课成绩全面衡量，择优录取。

2. 单科语文和英语分别达到 90 分和 80 分（高考满分 150 分），高考文化课总分达到考生所在省、自治区、直辖市美术类本科分数线。

3. 非平行志愿省份按综合分 [（专业成绩 / 专业统考满分）× 0.4 × 750 +（高考投档成绩 / 高考文化满分）× 0.6 × 750] 排名择优录取。文理分别排名录取，平行志愿省份，按省考试院相关投档政策投档后择优录取。

浙江大学2018年本科（设计学类专业）招考方向								
教学单位	总数	招生计划						
		辽宁	山东	河南	湖南	江苏	浙江	江西
设计学类（含视觉传达设计专业、环境设计专业、产品设计专业）	49	文5理2	文2理1	文2理1	文2理1	9	19	5

浙江大学2018年本科（书法学专业）招考方向						
教学单位	总数	招生计划				
		山西	安徽	河南	湖南	广西
书法学	18	2	6	文3理1	文4理1	1

23. 东南大学 Southeast University

官方网址：http://www.seu.edu.cn
学校地址：南京市玄武区四牌楼 2 号（四牌楼校区）
南京市鼓楼区湖南路丁家桥 87 号（丁家桥校区）
南京市江宁区东南大学路 2 号（九龙湖校区）
无锡市新吴区菱湖大道 99 号（无锡分校）

录取原则

一、东南大学 2018 年继续招收艺术类专业考生，按照教育部有关规定，东南大学本着公开程序、公平竞争、公平选拔的原则，选拔品学兼优、特长突出的艺术类专业考生。

二、考生在高考填报学校志愿时，按生源地招生主管部门的要求，在相应批次中填报该校。

三、在考生文化课成绩及专业统考成绩均达到所在省（区、市）艺术类本科省控分数线的情况下，由所在省（市）进行招生院校投档。对投档至东南大学的考生，不分文理科，综合排序，择优录取。对部分严格区分文科和理科计划进行投档录取的省份，则按文理科分别排序择优录取。

四、非平行志愿投档的省市，按总分进行排序，总分 =（统考成绩 ×40%+ 文化课成绩 ×60%）×2。

平行志愿投档的省市，按投档成绩进行排序。

五、考生入学后，学校将对其进行新生入学资格复查。凡发现弄虚作假者，取消其学籍。

东南大学 2018 年本科（美术类专业）招考方向

专业	总数	招生计划											
		江苏	河北	河南	江西	山东	湖北	湖南	福建	浙江	安徽	北京	广东
产品设计	55	22	5	5	4	2	3	4	2	3	2	1	1
美术学	15	5			2	2			2	2		1	1
动画	19	7				2	2			2	2	2	2

24. 华东师范大学 East China Normal University

官方网址：https://www.ecnu.edu.cn
学校校址：上海市普陀区中山北路 3663 号（中山北路校区）
闵行区东川路 500 号（闵行校区）

录取原则

一、华东师范大学 2018 年美术学类专业

（一）报名条件

1. 考生必须符合教育部及考生所在省份省级招生管理部门规定的 2018 年普通高等学校高考报名条件。

2. 考生必须参加所在省份省级招生管理部门组织的美术类统考并获得本科报考资格。美术学类专业录取时认同各省美术类统考成绩为专业考试成绩，不再举行校考。

3. 考生参加 2018 年全国普通高考，高考成绩达到所在省省级招生管理部门划定的艺术类(或美术类)本科录取分数线，且高考英语单科成绩不低于 70 分(单科满分以 150 分计)。

（二）录取原则

1. 符合以上报名条件、高考志愿填报华东师范大学且被投档到该校的考生，华东师范大学以综合分（综合分 = 专业统考成绩 + 文化考试成绩）为主要依据，从高到低择优录取。录取时，一般文理统一排序；但对于部分严格区分文、理科分别进行投档录取的省份，则遵照各省规定、按文理科分别排序，根据综合分从高到低择优录取。

2. 美术学类专业本科招生采用大类招生模式，新生入学后第一年进行通识教学，第二年将根据学生一年级的学习成绩和志愿分别进入三个不同专业进行专业学习。

二、华东师范大学 2018 年设计学类专业

（一）报名条件

1. 考生必须符合教育部及考生所在省份省级招生管理部门规定的 2018 年普通高等学校高考报名条件。

2. 考生必须参加所在省份省级招生管理部门组织的美术类(或美术与设计学类)统考并获得本科报考资格。

设计学类专业录取时认同各省统考成绩为专业考试成绩，不再举行校考。

3. 考生参加 2018 年全国普通高考，高考成绩达到所在省省级招生管理部门划定的艺术类(或美术类)本科录取分数线，且要求高考英语单科成绩不得低于 70 分(单科满分以 150 分计)。

（二）录取原则

1. 符合以上报名条件、高考志愿填报华东师范大学且被投档到该校的考生，华东师范大学以综合分（综合分 = 专业统考成绩 + 文化考试成绩）为主要依据，从高到低择优录取。录取时，一般文理统一排序；但对于部分严格区分文、理科分别进行投档录取的省份，则遵照各省规定、按文理科分别排序，根据综合分从高到低择优录取。

2. 设计学类专业本科招生采用大类招生模式，新生入校后第一周进行专业和方向分流。学生根据志愿选择相关专业及方向，分流时重新折算综合分进行排序，按专业分流综合分从高到低确定录取专业和方向。〔专业分流综合分 =(省美术统考专业成绩 ÷ 省美术统考专业成绩满分)×600 分 +(高考文化成绩 ÷ 高考文化成绩满分)×750 分〕。每个专业方向录取人数不超过 20 人。

华东师范大学2018年本科（美术学类专业）招考方向									
专业	总数	招生计划							
		上海	江苏	浙江	安徽	福建	山东	河南	内蒙古
美术学类(含绘画、雕塑、美术学（美术教育）)	58	18	8	10	6	6	4	4	2
备注	美术学类，含绘画、雕塑、美术学（美术教育）三个专业，本科，学制四年，学费标准10000元/学年。全国招生计划58人，拟分省计划如上（最终以各省级招生管理部门公布的为准）								

<table>
<tr><th colspan="20">华东师范大学2018年本科（设计学类专业）招考方向</th></tr>
<tr><th rowspan="2">专业</th><th rowspan="2">方向</th><th rowspan="2">总数</th><th colspan="17">招生计划</th></tr>
<tr><th>河北</th><th>山西</th><th>辽宁</th><th>上海</th><th>江苏</th><th>浙江</th><th>安徽</th><th>福建</th><th>江西</th><th>山东</th><th>河南</th><th>湖北</th><th>湖南</th><th>重庆</th><th>四川</th><th>贵州</th><th>陕西</th></tr>
<tr><td rowspan="2">视觉传达设计</td><td>视觉传达</td><td rowspan="9">125</td><td rowspan="9">4</td><td rowspan="9">2</td><td rowspan="9">4</td><td rowspan="9">40</td><td rowspan="9">7</td><td rowspan="9">10</td><td rowspan="9">5</td><td rowspan="9">7</td><td rowspan="9">5</td><td rowspan="9">8</td><td rowspan="9">7</td><td rowspan="9">5</td><td rowspan="9">4</td><td rowspan="9">2</td><td rowspan="9">4</td><td rowspan="9">3</td><td rowspan="9">4</td></tr>
<tr><td>数码艺术</td></tr>
<tr><td>产品设计</td><td>产品设计</td></tr>
<tr><td rowspan="2">环境设计</td><td>空间与展览设计</td></tr>
<tr><td>景观设计</td></tr>
<tr><td rowspan="3">公共艺术</td><td>公共艺术设计</td></tr>
<tr><td>摄影艺术</td></tr>
<tr><td>时尚设计</td></tr>
<tr></tr>
<tr><td>备注</td><td colspan="19">设计学类，含4个本科专业8个专业方向，学制四年，学费10000元/学年。其中，入选中外联合培养2+2双学历双学位项目学费标准按有关协议要求执行。全国招生计划125名，拟分省计划如上（最终以各省级招生管理部门公布的为准）</td></tr>
</table>

探访国外名校

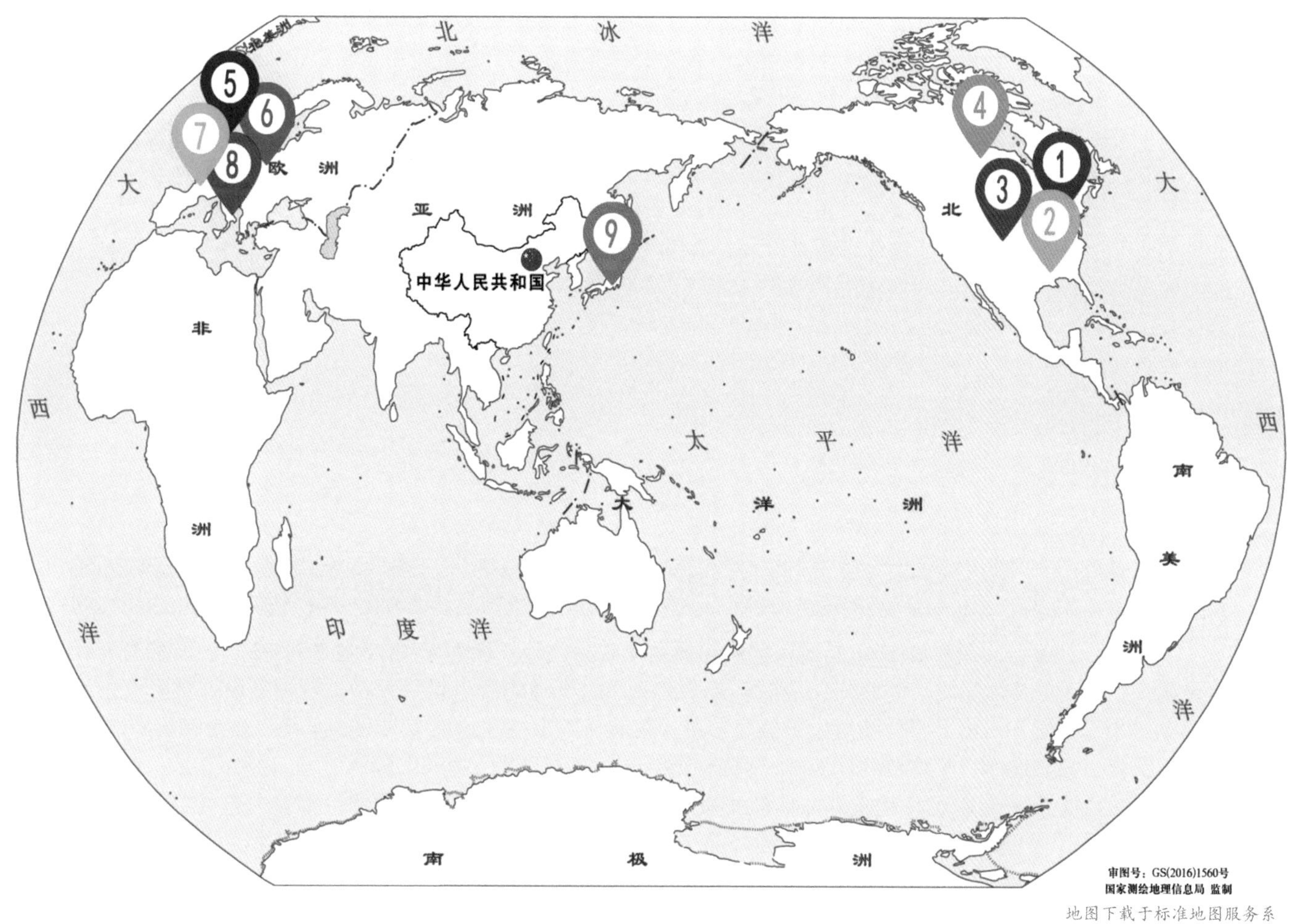

地图下载于标准地图服务系统（国家测绘地理信息局）。

1 **罗德岛设计学院** Rhodes Island School of Design

2 **帕森斯设计学院** Parsons the New School for Design

3 **芝加哥艺术学院** School of the Art Institute of Chicago

4 **安大略艺术设计学院** OCAD University

5 **伦敦艺术大学** University of the Arts London

6 **柏林艺术大学美术学院** Berlin University of the Arts

7 **巴黎国立高等美术学院** école Nationale Supérieure des Beaux-arts de Paris

8 **佛罗伦萨国立美术学院** Academy of Fine arts of Florence

9 **东京艺术大学** Tokyo University of the Arts

1. 罗德岛设计学院 Rhodes Island School of Design

学校性质：私立艺术院校
官方网址：https://www.risd.edu
院校地址：美国罗德岛州普罗维登斯市学院路 2 号
申请难度：★★★★★
语言要求：雅思 6.5，托福 93 以上
推荐专业：工业设计、多媒体设计、平面设计、服装设计、纯艺术
留学费用：45530 美元
平均奖学金：25412 美元
申请截止：早申 11 月 1 日；常规：2 月 1 日
建校时间：1877

学院概述

罗德岛设计学院（简称 RISD）是美国艺术与设计学院的先趋。创建于 1877 年 3 月 22 日，罗德岛设计学院至今已有 140 多年历史，是一所在美国名列前茅且享誉全球的著名设计大学。罗德岛设计学院位于美国最小的州——罗德岛州。罗德岛州位于美国东岸，距离纽约市往北约三个小时的车程，波士顿往南约 45 分钟的车程，它是四所大学院校的发源地，包括 RISD 的长春藤联盟邻居布朗大学，而 RISD 学生可在该校免费选课。作为全美聚集艺术家最多的地方，罗德岛州人文艺术气氛浓盛，博物馆很多，包括罗德岛设计学院艺术博物馆、历史博物馆、艺廊博物馆等，最有名气的莫过于罗德岛设计学院自己创办的艺术博物馆。

罗德岛设计学院是美国最早独立设置的艺术设计学院，学院实行学分制，主要是本科和研究生学历教育，是一个国际性的一流设计学院。学院的办学理念是："致力于设计和艺术人才的培养。提升大众艺术教育、商业和产品的水平。"作为全美顶尖的私立艺术学院，罗德岛设计学院聚集了来自全世界超过 50 个国家和地区的 1800 多名本科生和 300 多名研究生。学院拥有 350 名拥有不同才能的教师和 400 名职员。同时，每年有 200 多名来自全球各地的著名艺术家、设计师、评论家、作家和哲学家来学院担任访问学者和兼职教授。从建校至今，学院一共培养了 16000 多名的毕业生，分布于美国和全世界，不少人成为 20 世纪的杰出设计人才。除了本科和研究生的教育之外，RISD 还为年轻的艺术家提供各类丰富多样的培训班、专业讲座、艺术展览等继续教育设计活动，满足了一个学习型社会的大众需求。罗德岛设计学院在全美艺术院校中综合排名第一，其中多个专业位于全国首列，例如陶艺、平面设计、工业设计等。

罗德岛设计学院			
本科录取要求			
语言成绩	雅思 :7.0；托福：92+ SAT 1800ACT 25	截止日期	早申：11 月 1 日 常规：1 月 15 日
	需要在网上提交成绩单、语言成绩、SAT 或 ACT 成绩、作品集、写作样本和推荐信（1~3 封）。 写作样本：提交一篇不超过 650 个单词的写作样本，注意字数不上限。在这方面，RISD 鼓励学生打破常规，积极表达自己的个性。 可供选择的主题： 1. 我们从失败中吸取的教训会成为日后成功的基础。讲述一段失败的经历或回忆。它是如何影响你的，你从这段经历里学习到了什么？ 2. 反思一段自己挑战了某种信念或想法的经历。是什么促使你做出行动？你还会做出同样的决定吗？ 3. 描述一个自己已经解决了的问题，或者一个想要解决的问题。可以是知识上的挑战、研究问题、道德两难处境——任何对你来说重要的事情。解释它对你来说的重要性，以及你采取的或打算采取的解决办法。 4. 讨论一个在你的文化、社区或家庭中标志着你从儿童转变为成人的成就或事件，正式或非正式皆可。		
作品集	绘画作品 2 幅使用 40cm×50cm 大小纸张，不得临摹他人作品。第一幅作品必须使用石墨铅笔或炭笔写生，主题不限，要通过自己的观察描绘出形状、光线、位置关系等。第二幅作品从以下三个主题里选择：选择某个事物，进行拆解，然后基于此创作一个作品，其中应包含拆解的过程或是拆解的结果，并为这个作品取一个名字；用光或是光线错觉进行创作，并为作品取名字；定义一个你想包含、容纳的东西，为它创作一个容器，并为作品取名字。保证绘画作品的表面平整，对折两次，折成 20cm×25cm 的大小，并在每张画的背面写上全名、生日和地址。邮寄到招生办时只接受原件，不接受复制品。		
	12~20 份作品 作品可以采用 2D 或 3D 技术，要能够反映你的艺术见解、兴趣、思维；作品可以采用任何的媒介形式，可以是素描，可以是某个项目的成果，也可以是个人主导的作品。		
	作品集必须通过 Slideroom 的方式递交（需要支付 $10）。		

罗德岛设计学院			
研究生录取要求			
语言成绩	雅思 :6.5；托福：93 申请 MAT 需要 GPA3.0 以上 ,GRE 成绩非必需，但是会对申请有帮助	截止日期	常规：1 月 10 日
作品集	需要在网上提交成绩单、语言成绩、作品集、目的陈述和推荐信（三封）。通过 Slideroom 提交 10~20 个视觉作品，各学科有不同要求。 1. 家具设计（Furniture Design）作品集要求细节：申请家具设计的学生需要在作品集中体现出对材料的研究。除此之外还需要上传一个不超过 20 秒的视频，内容为自己制作某物的过程。不要求高质量的视频效果，RISD 更看重动手制作的能力。请给视频起好标题。 2. 景观建筑（Landscape Architecture）作品集要求细节：申请景观建筑的学生需要提交作品集和一个额外的视频。在这个视频里，申请人需要描述自己想学习这个专业的原因、想要达到的目标，以及为什么选择 RISD。视频时长最短 2 分钟。 3. 教育学硕士（MAT）作品集要求细节：需要申请人用 20 张图像来展现申请人工作室经验的深度和广度。其中，要包括 10 张能反映申请人在单一媒体中调查研究工作的作品，7 张反映申请人综合处理多种媒体的能力，以及 3 张绘画样本。 4. 艺术设计教育硕士（Master of ArtsinArt+Design Education）作品集要求细节：提交 20 张最能代表申请人作为艺术家或设计师的创意能力和实践能力的图像。		

2. 帕森斯设计学院 Parsons the New School for Design

学校性质：私立艺术院校
官方网址：https://www.newschool.edu/parsons/
院校地址：美国纽约州纽约西 12 街 66 号
申请难度：★★★★☆
语言要求：雅思 7.0，托福 92
推荐专业：服装设计、配饰设计、室内设计、插画
留学费用：42080 美元
平均奖学金：27982 美元
申请截止：早申 11 月 1 日；常规：1 月 15 日
建校时间：1896

学院概述

美国帕森斯设计学院是全美最大的艺术与设计学校，与世界时尚最高学府意大利马兰欧尼学院、英国中央圣马丁设计学院、巴黎 ESMOD 并称世界四大设计学院。

帕森斯设计学院成立于 1896 年，共有 1700 多位学生，33 位全职教师，师生比约为 1:15。1904 年，因艺术教育家法兰克・帕森斯的加入，该学院启动了一系列突破性的项目，设计开始走入日常生活。帕森斯于 1970 年时正式与纽约的 New School 合并，该举不仅为帕森斯拓宽了教育的平台，还加强了学术知识与社会实践的联系，令帕森斯开始逐步成长为全美最大的艺术与设计学校之一。除纽约本部外，帕森斯在巴黎设立了校区，以及在多米尼加、日本、马来西亚和韩国也有相关的姐妹学校，是一个名副其实的国际化院校。

国际视野是帕森斯成功的重要因素之一。在 1921 年帕森斯成为第一所在国外设立校区的美国艺术与设计学校；2013 年秋天，在巴黎设立了另一新校区，并开始提供各种本科学位学习；在 2014 年竞选的硕士课程将会相继开展。与此同时，帕森斯在孟买和上海设立了学术中心，为国际学子提供了更多求学的机会。

帕森斯设计学院（Parsons The New School for Design）拥有 5 个学院，共有 27 个严谨的学科项目。帕森设计学院有约 3800 百名大学生，以及超过 400 名研究生。该校也提供专业进修课程与认证课程，以及高中生周末与夏季进修课程。帕森斯为学生提供了专科学习与跨学科学习的机会，给予学生多样化的设计概念，并且让学生领略独自及团体设计上的实务经验及理念。帕森斯强调设计，学生需培养清晰的逻辑与应对自如的自信，作品需要优美流畅。一年一度的时装展台与学生作品展是每个学生展现自我风采的重要活动。帕森斯设计学院培养的优良设计人才在学术界与业界均享有盛名。

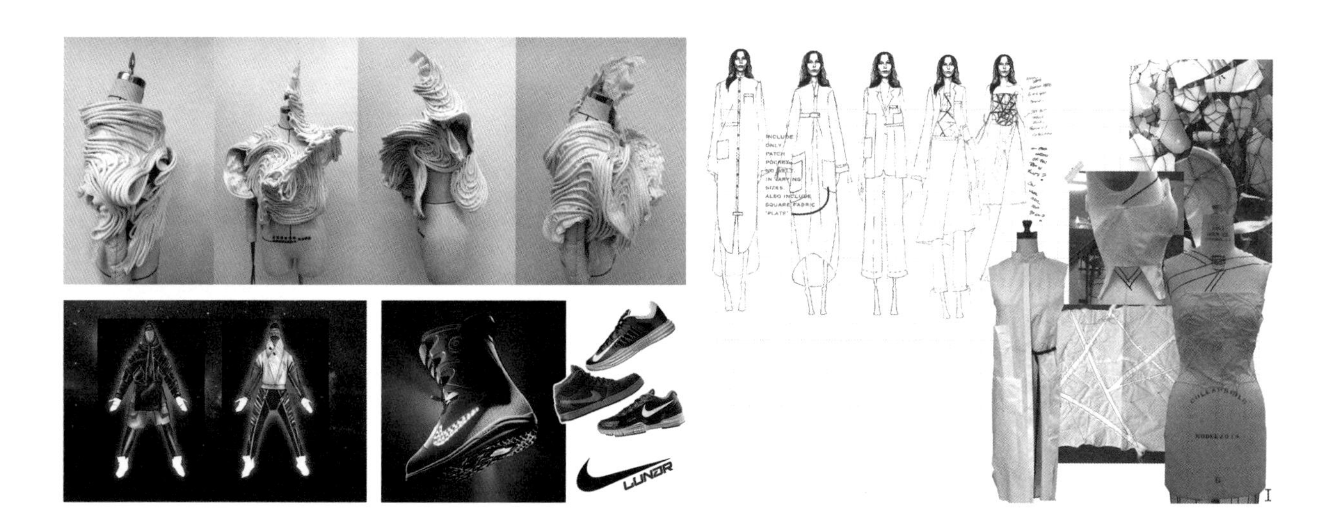

帕森斯设计学院是全球四大服装设计院校之一，2014 年服装设计全美排名第一，导师多为业界顶尖设计师。作为全球最具文艺气息的设计院校，这里走出过无数殿堂级的设计大师，是名副其实的服装设计明星学校，毕业生遍布欧美时尚界：Gucci 原首席设计师汤姆·福特（Tom Ford），LV 原艺术总监马克·雅可布（Marc Jacobs），COACH 原首席设计师瑞德·克拉考夫（Reed Krakoff），山本耀司，安娜苏，王大仁都是帕森斯的校友。

帕森斯设计学院			
本科录取要求			
语言成绩	雅思 :7.0 分 托福：92 分以上	截止日期	早申：11 月 1 日；常规：1 月 15 日
作品集	作品必须且只能在 Slideroom 上完成并上传。本科新生应上传 8 至 12 件作品，其中可包括画作、摄影作品、数字媒体、设计、三维作品、网页设计、动画、影响和其他数码媒体。转校申请人应提交 8 至 12 件相领域的作品。		
申请材料	申请表；高中 / 大学成绩单（中英文版）上必须有毕业院校学籍等级管理办公室的公章或者签名；相关考试成绩；推荐信两封，由毕业院校的教师或教授提供，或曾任职的工作单位提供。简历：内容包括工作经验、旅行经历和展览等经验，有艺术设计类相关基础，提交相应专业的作品集。其他：申请者至少从高中毕业有两年的时间。		
研究生录取要求			
语言成绩	托福 100 分 雅思 7.0/PTE 63	截止日期	1 月 1 日
作品集	作品必须且只能在 Slideroom 上完成并上传。研究生新生应上传 15~30 张作品，5 个作品集册，其中可包括画作、摄影作品、数字媒体、设计、三维作品、网页设计、动画、影响和其他数码媒体。（详情请看作品集要求页面）		
申请材料	申请表；大学成绩单（中英文版），相关考试成绩，推荐信，相关专业本科学历，个人陈述（报选原因、履历、背景信息、暂定学习计划、预想领域、职业目标），个人简历，有丰富的富有创意的作品		
所有跨专业	通过 Slideroom 上传，提交不超过 40 件最能记录你设计工作和过程的作品。可包括设计画作、场景、研究成果、摄影、视频、网站、博客、论文，或者其他形式的作品，诠释你的工作和过程。如果可能，描述你的项目，或者对项目内容的全面介绍。可通过 Slideroom 上传各种形式和格式的媒体。		

3. 芝加哥艺术学院 School of the Art Institute of Chicago

学校性质：私立艺术学院
官方网址：http://www.saic.edu/
院校地址：美国伊利诺伊州芝加哥市南沃巴什大街 36 号
申请难度：★★★★
语言要求：雅思 6.5，托福 90
推荐专业：建筑设计、服装设计、摄影
留学费用：43960 美元
平均奖学金：15778 美元
申请截止：早申 11 月 15 日；常规：1 月 15 日
建校时间：1866

学院概述

芝加哥艺术学院（School of the Art Institute of Chicago, 简称“SAIC”）是美国顶尖的艺术教育机构之一，由博物馆和学校两部分组成，于 1866 年建校。学校本身并没有所谓的校园，不过因为它的地理位置刚好就在密歇根湖畔，与千禧公园（Millennium Park) 和 Grant Park 相邻，因此学校环境令人感到优雅舒适。其博物馆以收藏大量印象派作品以及美国艺术品闻名于世，如莫奈、修拉、梵高、爱德华·霍普等人的作品。该学院则旨在培养视觉艺术人才，曾就学的有华尔特·迪士尼、乔治亚·欧姬芙等。

SAIC 成立于 1866 年，为当时在艺术学院方面的改革者，为美国声望最高及评价很崇高的艺术学院之一，在国际上享有极高的荣誉。芝加哥艺术学院的校风自由，因此来此就读的学生并不会被限定主修特定的科目。

该校相信，成为艺术家的重点是如何看待这个世界，因此视野是十分重要的。芝加哥艺术学院的教授水准非常高，注重学生的思考、创造性，十分专业地给予与促进学生在概念上及技术方面的启发。SAIC 相信艺术家的成功是倚赖创造性的视觉、专业技术技能的，因此鼓励学生卓越、批判性的询问、实验，以增进学生在技能概念上的进步。

芝加哥是一个复杂、严谨、认真、多样化的城市。芝加哥市的建筑给艺术家提供了无限革新艺术观念，这里有世界级博物馆、画廊，因而聚集了喜爱音乐、戏剧工作的艺术家、设计家、作家及思想家。芝加哥富有的人文历史及繁荣，孕育了一些充满创造性的幻想者及实验家，而这些创造性的启发，鼓舞了来自世界各地的艺术人文作家。因此在 SAIC 就读的学生，在课业之余可以前往芝加哥市区各个博物馆、画廊等世界级的展览会场参观，以增广见闻，丰富知识。

芝加哥艺术学院			
本科录取要求			
语言成绩	雅思 :6.5；托福：90 SAT：1940 ~ 2230 分	截止日期	早申：11 月 15 日 常规：1 月 15 日
作品集	艺术管理与政策专业 电子作品集：提交一份 2000 字的艺术批评论文，可以是之前课程的论文，也可以是其中节选的部分或最近出版的文章。作品集的提交截至 1 月 18 日 23:59（美国时间为准）。 面试：会有一小部分的学生要求参加面试，一般是电话面试，也有一些学生可以通过 skype 或面对面面试。 艺术教育专业 提交能够代表你艺术最高能力的作品集，如学术写作，包括在校艺术教育项目的文件，提交截止：首批 2 月 2 日 23:59（美国时间为准），最终截止于 3 月 3 日 23:59（美国时间为准）。申请人必须提交两份个人陈述，每份 500~1000 字。1. 对于艺术的正式或非正式的个人理解，在艺术方面的工作经验，艺术工作经验，对教育的热衷，人道主义精神，艺术成就，等。2. 对职业目标的陈述。 陶艺专业 提交一份或多分总计不超过 20 分钟的作品或 15 张图片。（如果是合作完成，请注明个人贡献）可以 DVD、16mm 电影、SD/HDmini-DV、CD-R、闪存盘或其他苹果兼容的媒介。还要包括一份纸质打印的作品名称列表，包括作品的名称、大小规格、时常、作品时间等相关信息。作者需要对自己的作品备份，学校不承担作品的流失或损坏责任。截止日期：1 月 11 日 23:59（美国时间为准）。 表演和动画专业 提交一份或多分总计不超过 20 分钟的作品或 15 张图片。（如果是合作完成，请注明个人贡献）可以 DVD、16mm 电影、SD/HDmini-DV、CD-R、闪存盘或其他苹果兼容的媒介。还要包括一份纸质打印的作品名称列表，包括作品的名称、大小规格、时长、作品时间等相关信息。作者需要对自己的作品备份，学校不承担作品的流失或损坏责任。截止日期：1 月 11 日 23:59（美国时间为准）。			
申请要求	高中成绩单：如果你现就读或就读过的院校以英语作为教学用语，你可以提交官方成绩单以替代英文考试成绩（需校方认证）；填写在线申请，截止日期前成功提交方有资格；附上个人陈述、推荐信。			

芝加哥艺术学院			
研究生录取要求			
语言成绩	雅思:7；托福：85+ 部分研究生专业需要 GRE 成绩	截止日期	早申：11 月 15 日 常规：1 月 15 日
作品集	建筑类专业 提交至少 5 个不同主题，共计 20 张图片的作品，或者 10 分钟的录像视频等作品，或两者结合。没有涉及经验的申请者需要提交一份 1000 字的艺术批判论文或者艺术设计方面的语音“论文”来代替固有要求的作品集。作品集的提交截止到 1 月 18 日 23:59（美国时间为准）。 艺术教育类专业 提交能够代表你艺术最高能力的作品集，如学术写作，包括在校艺术教育项目的文件，提交截止：首批 2 月 2 日 23:59（美国时间为准）；最终截止于 3 月 3 日 23:59（美国时间为准）。 个人陈述：申请人必须提交两份个人陈述，每份 500~1000 字。（1）对于艺术的正式或非正式的个人理解，在艺术方面的工作经验，艺术工作经验，对教育的热衷，人道主义精神，艺术成就，等。（2）对职业目标的陈述。 艺术与技术研究专业 提交一份或多分总计不超过 20 分钟的作品或 15 张图片。（如果是合作完成，请注明个人贡献）可以 DVD、16mm 电影、SD/HD mini-DV、CD-R、闪存盘或其他苹果兼容的媒介。还要包括一份纸质打印的作品名称列表，包括作品的名称、大小规格、时长、作品时间等相关信息。作者需要对自己的作品备份，学校不承担作品的流失或损坏责任。截止日期：1 月 11 日 23:59（美国时间为准）。 新兴技术设计专业 提交一份或多分总计不超过 20 分钟的作品或 15 张图片。（如果是合作完成，请注明个人贡献）可以 DVD、16mm 电影、SD/HD mini-DV、CD-R、闪存盘或其他苹果兼容的媒介。还要包括一份纸质打印的作品名称列表，包括作品的名称、大小规格、时长、作品时间等相关信息。作者需要对自己的作品备份，学校不承担作品的流失或损坏责任。截止日期：1 月 11 日 23:59（美国时间为准）。 表演和动画专业 提交一份或多分总计不超过 20 分钟的作品或 15 张图片。（如果是合作完成，请注明个人贡献）可以 DVD、16mm 电影、SD/HD mini-DV、CD-R、闪存盘或其他苹果兼容的媒介。还要包括一份纸质打印的作品名称列表，包括作品的名称、大小规格、时常、作品时间等相关信息。作者需要对自己的作品备份，学校不承担作品的流失或损坏责任。截止日期：1 月 11 日 23:59（美国时间为准）。			
申请要求	大学成绩单。为你所上过的所有大学提交一份官方的成绩单，需要有学校官方的盖章。如果还是在读生，可以先提交目前为止已有的成绩，但是一旦被录取，需要学生提交一份全部的，官方认证的成绩单，以证实你的学历并确定给予你 SAIC 的录取名额。电子版的成绩单提交到邮箱：gradmiss@saic.edu.，个人陈述：写一份 500 ~ 700 字的个人申请陈述，阐述申请的目的和原因。包括对于个人兴趣和设计经验的描述，个人发展和职业发展的目标和动机，以及为什么想要在 SAIC 求学。把文件保存为 PDF 格式，最后附件至 slideroom 中，简历：需要把近期的简历发送 PDF 附件至 slideroom。推荐信：需要提交两封推荐信，必须是自己的任课老师，并提供推荐人的邮箱地址。当你保存了申请页面之后，推荐人将会收到你推荐申请的网络链接。			
申请经验 1. 文书部分比较重要的就是作品描述，因为作品描述是帮助招生官理解作品的，所以需要很好地表达作品的思想，才能够更吸引招生官的眼球。事实上，很多作品在完成的过程中可能只是灵光一现，或者说是凭借灵感来完成的，所以需要一点点分析作品，以此来表达作品中的思想。 2. 在整个申请过程中，艺术作品的包装是重要的环节。为此，可以特别邀请有建筑学专业背景的朋友加入帮助申请，为作品的设计和包装添砖加瓦，以最终完成一份内容丰富、形式多样、画法齐全的作品集。			

4. 伦敦艺术大学 University of the Arts London

学校性质：公立艺术院校

官方网址：https://www.risd.edu

院校地址（伦敦艺术大学下属六所学院 18 个校区）：

温布尔登艺术学院（1890 年）：伦敦南部温布尔登镇 Merton Hall 路

坎伯韦尔艺术学院：伦敦佩卡姆路 45~65 号

中央圣马丁校园（1854 年）：国王十字车站旁 Granary Square，大英图书馆附近；

伦敦时装学院（1887 年）：英国最著名的商业街牛津街；

伦敦印刷与发行学院：位于埃勒法特与卡索。

学生在上述任一所学院学习，都可以享用所有学院的设施。

申请难度：★★★★★

语言要求：雅思 6.0

推荐专业：印刷、插画、时装设计、室内设计、纯艺术

留学费用：15180 英镑

平均奖学金：2000 英镑

申请截止日期：6 月 30 日

建校时间：1986

学院概述

伦敦艺术大学（University of the Arts London，简称“UAL”，前称 London Institute）是一所位于英国伦敦的书院联邦制大学，由六所教授艺术、设计、时尚和媒体的学院组成。伦敦艺术大学是欧洲最大的艺术、设计、媒体传达和表演艺术的教育机构。原名：伦敦学院（The London Institute）。成立于 1986 年，由世界著名的六大艺术、设计与传播学院联合而成，是全世界最优秀的艺术学院之一，是艺术教育界的哈佛、剑桥。伦敦艺术大学将世界上最著名的致力于艺术、设计的六所学院联合起来，每所学院都有其独特的学术实力和风格，它们分别是：伦敦传媒学院（London College of Communication）、伦敦时装学院（London College of Fashion）、坎伯威尔艺术学院（Camberwell College of Arts）、切尔西艺术与设计学院（Chelsea College of Art and Design）、中央圣马丁艺术与设计学院（Central Saint Martins College of Art and Design）和温布尔登艺术学院（Wimbledon College of Art）。这六座学院共同使伦敦学院成为了世界上规模最大的艺术、设计、大众传播以及相关技术的教育中心。

伦敦艺术大学的创造性领域欣欣向荣，处于世界领先地位，伦敦艺术大学及其学院也是这一领域的一部分。伦敦艺术大学全力以赴，给予学生最好的艺术教育。据 2011 年的统计，学生满意度为 63%。同时建立与企业间的联系，并努力呵护这些联系，学生的就业率超过 56%。

伦敦艺术大学开设了预科、副学士、本科、研究生文凭、硕士及博士等课程，在教学与科研领域都处于领先地位。学校的毕业生也向来都是其工作领域中最具影响力和最著名的成功人士。

学校吸引了来自世界各地的师生，因此也倾尽全力在校内创造平等机会和提倡多样性。学校为自己的教职员工提供了一流的设施、大好的事业发展机会，和充满活力与革新精神的工作环境。这也使学校能吸引最有才能和创造力的师资。

学校虽然有超过 150 年的艺术历史，却有着最前卫的创意活动。从该校毕业的设计师不胜枚举，他们引领着世界的设计潮流。伦敦艺术大学作为英国顶级的艺术设计学院，在艺术、设计、服装、影视表演、大众传媒和新闻出版等各领域中都占据领导地位，同时也是欧洲最大的一所艺术设计大学。前瞻性科技与独特的、客观上的视觉结合是伦敦艺术大学的宗旨之一。每年都有接受过前沿艺术熏陶和实践锻炼的设计师新锐力量从这里走向世界，成为耀眼的时尚之星。这些优秀的毕业生在工作中表现出色、形象出位，成

为领导英伦乃至世界的时尚界的中坚力量。伦敦艺术大学在涌现出大批出色的服装设计师、珠宝设计师及工业设计师的同时，也培养出大批眼光独到的时尚记者，为前卫艺术开辟道路。

最与众不同的是学生的创意设计都是能在学校的一百多个工作室中完成并投放市场的。学校的教授既是老师又是设计师，都有着自己的工作室和面向市场经营的品牌。24000 多个来自世界各地具有无限创意的学生以及几个老师构成了学校非常活跃的创意氛围，与活跃在全球各地的毕业生分享着创意的艺术激情。创意在这里并不是纸上谈兵。

近年来，伦敦逐渐成为世界的一个创意中心，传统和现代在伦敦这个充满活力的城市碰撞出了无数激动人心的火花。英国有着悠久的历史，伦敦有着丰富的人文景观——如此丰厚的精神土壤成为得天独厚的办学条件。在伦敦艺术大学的校园中四处可见异域的面孔，现在学校拥有超过 65 个不同国家或地区的学生前来就读。不同文化的冲击，力求独特、创意、自由，甚至是极端反叛的英伦艺术氛围，令智慧的头脑充分利用自己民族特有的生活艺术，融合前卫理念，使自己卓而不凡。伦敦艺术大学涵盖各领域的设计渗透到了伦敦的各个角落，在一定程度上起着伦敦创意产业推手的作用。

在 Fashionista2014 年全球顶尖时装学院榜单中，中央圣马丁艺术与设计学院 (Central Saint Martins College of Art and Design) 名列世界第一，而伦敦时装学院 (London College of Fashion) 名列第二。

伦敦艺术大学			
本科录取要求			
语言成绩	雅思总分：6.00 雅思单科要求：5.5 托福单科要求：20 高中平均分 :80.00	截止日期	6 月 30 日
入学要求	一、申请预科 1. 高中及以上学历； 2. 有美术基础； 3. 提交基本的作品（素描、水彩、油画、中国画等均可）		
	二、申请本科 1. 艺术类专科或本科学历或在国内合作办学项目中获英国 HND 或 ND、FD 证书； 2. 有艺术设计类相关基础； 3. 提交相应专业的作品集		
	三、申请硕士 1. 相关专业本科学历； 2. 有相当的实践经验； 3. 有丰富的富有创意的作品		

续表

作品集要求	1. 评估作品时，不仅要看到作品最终的效果图，作品的创作过程也是要被评估的。 2. 需有一本属于自己创作的作品集，它需包含素描的技巧，视觉的研究，和您计划、发展到完成它的过程。 3. 特别是近期作品，即使它还未完成，也要说明作品的进展。 4. 同时，作品集排序明晰，以便让审核老师可以顺畅了解创意方向。除了提交草稿本，还必须把作品打印出来，设计精美，装订成册。某些专业需要提交电子文件的，必须将作品以 power point 或者 flash 的格式美观有序地编辑好。
申请程序	1. 从北京、上海、广州及香港各代表处或国际中心获取申请表，也可从大学网站上下载申请表。 2. 准确完整地填写申请表，本人签名和填写申请日期。 3. 提交正式的英文学校成绩单。 4. 提交作品集(根据课程需要)。如果当地有代表处，他们会为你安排在当地的面试机会；或邮寄提交你的作品集。 5. 提供你的英语成绩证明。如果你的英语不是母语，则需要提供你的英语考试成绩（雅思或托福）以证明你的语言能力达到课程要求。如果你尚未参加以上考试，你需要参加一次考试，并在申请材料里说明你的考试日期安排。 6. 提交两封英文推荐信。

5. 巴黎国立高等美术学院 école Nationale Supérieure des Beaux-arts de Paris

学校性质：公立
官方网址：http://www.ensba.fr/
院校地址：14 Rue Bonaparte, 75006 Paris
申请难度：★★★★★
语言要求：雅思无，托福无
推荐专业：纯艺术、建筑设计、摄影、电影
留学费用：500 欧元
平均奖学金：1950 欧元
申请截止：3 月 18 日
建校时间：1796

学院概述

巴黎国立高等美术学院（ école nationale supérieure des Beaux-arts de Paris ）是由法国文化部管辖并属于高等专业学院性质的国立高等艺术学院，同时也是世界四大美术学院之一。巴黎国立高等美术学院，是继意大利佛罗伦萨美术学院、博洛尼亚美术学院后的世界第三所美术学院，已有三百年的历史。

作为全世界顶尖殿堂级的美术学院，它不仅在全世界的高等美术院校中影响巨大，在中国美术界影响也最为深远。中国的老一辈油画家徐悲鸿、林风眠、颜文梁、潘玉良、刘开渠、吴冠中、李风白等名家就毕业于这所学校。

巴黎国立高等美术学院屹立于塞纳河左岸，见证了整个欧洲美术的发展。某种意义上来讲，巴黎美院早已不仅仅单纯作为一个教育、展览和沟通交流的国家机构而存在，它更是作为法国乃至整个欧洲的艺术文化遗产而存在。

巴黎国立高等美术学院			
本科录取要求			
语言成绩	托福：N/A；雅思：N/A	截止日期	3月18日
申请要求	1. 材料预审部分： 美院的申请面向所有高中毕业生。学生在申请时需要准备申请材料：个人作品集（艺术创作），一份摄影集（真实照片），50欧元申请费。其中绘画作品需要部分为大尺寸，艺术创作作品需要有立体作品。在作品集中，所有绘画部分均为原稿，有关影音文件均为DVD或VHS格式。 2. 考试部分（共三项考试）： 绘画考试、学识考试、导师面试。 大一申请年龄限制在18～24岁，其余学年则为20～26岁。非申请大一课程的学生，在通过预审材料后可直接参加导师面试。		
入学条件	法国学生和外国学生一概相同，即：拥有高中会考证书（Bac，相当于高考合格）。年龄至少满18岁，最高不超过24岁；二年级及更高年级插班录取：最高不超过26岁。根据作品及考试进行预选录取，然后再由陪审团进行面试考试。		
研究生录取要求			
语言成绩	托福：N/A；雅思：N/A	截止日期	3月18日
申请要求	学院最高文凭Post-dipôme“塞纳”特殊计划。其招收对象为法国或外国年轻艺术生；每年选拔2～6名艺术家（计划为时2年）；入选者可获得相关资源，以通过研究、批评和实验等形式开展一项业已开始的个人创作计划。		
入学条件	候选人必须拥有硕士（第2阶段）或同等学力文凭；此外，获得毕业文凭的时间必须满一年以上；外国候选人必须具有良好的法语水平。 “塞纳”特殊计划候选人的录取程序：先依据艺术档案材料进行预选，然后再由一个艺术界知名人士组成的评审委员会对被预选录取候选人进行面试。候选人每年可获得3000欧元补助。		
申请经验 作为艺术方面的名校，该校招生十分严格，按比例来说，700名考生中只有150人被录取。所以广大学生要做好心理准备，报考这所学校不是那么容易的。招生对于年龄的要求：要求上一年级的学生年龄在18至24岁之间；二年级及更高年级插班录取：最高不超过26岁。 报考过程：首先要提交自己的作品集，作品应在20份左右，其中至少10份为原作。在通过对作品的选拔后，学生还要经过3个考试：实物素描，对一件作品的文字描述与评论，面试。学校接收资格入学，如果考生不到26岁而且已经完成了大学二年级的学业，那么可以向招生委员会提交自己的作品集，学校根据学生作品的水平在二年级、三年级、四年级中选择一个适合的年级。 建议学生如果有志向进入该所高等学府深造的话，首先要有良好的心理准备，同时要具备优异的艺术专长。更具体的要求可以进入学校网站进行了解。			

6. 佛罗伦萨国立美术学院 Academy of Fine Arts of Florence

学校性质：公立
官方网址：http://www.accademia.firenze.it/
院校地址：Via Ricasoli, 58/60, 50122 Firenze
申请难度：★★★★☆
语言要求：意大利语 B2
推荐专业：室内设计、服装设计、纯艺术、插画
留学费用：500 欧元 / 年
平均奖学金：1950 欧元
申请截止：3 月
建校时间：1562 年

学院概述

佛罗伦萨国立美术学院 1785 年成为国立美术学院，学院是欧洲文艺复兴的产物，也对欧洲文艺复兴产生过巨大影响。因对世界美术界，世界美术教育做出的不可磨灭的贡献，所以有“世界美术最高学府”和“写实主义大师会集的皇家美术学院”之称，与法国巴黎国立高等美术学院、俄罗斯列宾国立美术学院、英国皇家美术学院并称世界顶级四大美术学院，并作为世界四大美术学院的中心。“世界美术学院之母，四大美术学院之首”，这是对佛罗伦萨美术学院最简洁的评价。由佛罗伦萨学院美术馆收藏的文艺复兴雕塑巨匠——米开朗琪罗的作品《大卫》（*David*）更是声名远扬，蜚声世界。该地是众多艺术家、学者、游客心中的圣地。佛罗伦萨，世界艺术之都，欧洲文艺复兴的发源地和最主要的城市，孕育了美术学院的诞生，文艺复兴以来大师云集，达芬奇（Leonardo Da Vinci），米开朗琪罗（Michelangelo），但丁（Dante），彼德拉克，薄伽丘，乔托 (Giotto)，拉斐尔，马萨乔，多纳泰罗 (Donatello)，布鲁涅列斯基，乔尔乔内，提香。

佛罗伦萨美术学院作为世界第一所美术学院对后世影响极为深远。首先，他作为世界第一所美术学院开辟了世界美术教育，其次，对后来的博洛尼亚美术学院，罗马美术学院，巴黎美术学院，列宾美术学院，中央美术学院等美术学院都具有引导和启迪作用。佛罗伦萨美术学院不仅仅是一个美术学院，而是世界美术教育的标杆。

佛罗伦萨国立美术学院历经674年的洗礼早已蜚声世界，在近7个世纪的岁月里，美术学院会聚了众多大师，是世界上会聚、培养大师最多的美术学院。美院的大师有：达·芬奇（文艺复兴三杰之一，代表作品有《蒙娜丽莎》《最后的晚餐》）、米开朗琪罗（文艺复兴三杰之一，代表作品《大卫》《西斯廷教堂天顶画》）、提香（威尼斯画派的代表人，被誉为“西方油画之父”）、罗伯特·卡沃利（世界著名品牌 Roberto Cavalli 品牌创始人，世界时尚大师）等。

佛罗伦萨国立美术学院			
本科录取要求			
语言成绩	意大利语B2水平，持有B2意大利语等级证书	截止日期	3月
作品集	申请时需要提供护照及至少5幅作品(人体肖像 静物 油画 裸体 肖像素描)		
申请要求	1.25周岁以下，高考成绩380分以上（满分750分），具有高中毕业证或美术专业中等学历，高中艺术特长生，掌握一定的艺术基础知识。 2. 预注册项目：本科学生需通过意大利语A2考试，硕士B2考试；图兰朵和马可波罗计划学生可到意大利后到指定的外国人学校学习意大利语，考试通过后方可入学。 3. 考生需递交自己的作品。 4. 申请时需要提供护照及至少5幅作品（人体肖像、静物、油画、裸体、肖像素描）。		
研究生录取要求			
语言成绩	意大利语B2水平，持有B2意大利语等级证书	截止日期	3月
作品集	申请时需要提供护照及至少5幅作品(人体肖像 静物 油画 裸体 肖像素描)		
申请要求	29周岁以下，本科阶段学习成绩优异，具有本科学位证		
申请经验 佛美本科五个专业：油画，版画，雕塑，舞美，装饰。大都是纯艺的，其中舞美更多偏向设计。 通过第一天语言测试的学生（听写+小面试，小面试是和教授对话、交流）第二天才能参加专业考试。（第一天的语言考试你是见不到意大利学生的，所以第二天你能见到的才是你全部的对手。）第二天进行专业考试。 油画专业考试是一天人体一天创作，版画是一天人体一天静物，舞美第一天是画设计稿（舞美几乎不用电脑）。当然，考试过程也是极其有趣的，永远不要小看外国人的思维，他们可以在100cm×70cm的纸上画出A4纸上大小的画儿来，他们甚至会使用剪刀和纸屑来完成他们的写生。这或许正是他们的高明之处。 说到作品集，可以是任何东西任何形式，这只是你向老师展示自己的考试，让老师充分了解你。如果通过了专业而进入到了面试，那么可以断定佛美已经录取你了，你只需要等待录取名单就可以了。			

7. 安大略艺术设计学院 OCAD University

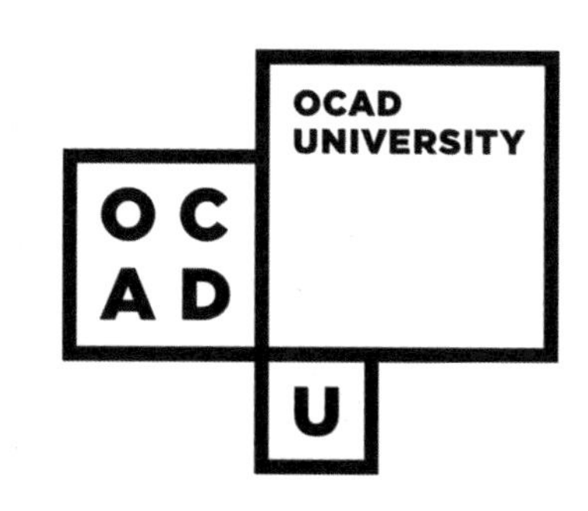

学校性质：公立
官方网址：http://www.ocadu.ca/
院校地址：100 McCaul Street, Toronto, Ontario, Canada
申请难度：★★★★
语言要求：雅思 6.5 ~ 7.0，托福 80 ~ 90
推荐专业：平面设计、景观设计、工业设计
留学费用：18692 加元 / 年
平均奖学金：未知
申请截止：2 月 1 日
建校时间：1876

学院概述

OCAD University(安大略艺术设计学院)是加拿大最大和历史最悠久的艺术和设计教育机构，是加拿大国内第一所专门致力于培养职业美术和商业艺术家的学校。最早由安大略社会艺术家于 1876 年创建成立，当时称为安大略艺术学校，1912 年更名为安大略艺术学院，1996 年该学院最终更名为安大略艺术设计学院。它位于多伦多市中心的 100 McCaul Street。作为一所充满活力和创造力的学校，拥有鼓舞人心的艺术遗产，成熟的师资队伍以及创造力非凡的学生。作为加拿大四所独立的艺术和设计学院之一，安大略艺术设计学院是高等教育学院中规模最大的，也是历史最悠久的艺术设计类学院，培养了大量的艺术家和设计专家。

安大略艺术设计学院是加拿大的“想象大学”，学院宗旨是培养学生的艺术想象力。回顾历史，经过一百多年的发展，该学院已经培养了许多优秀的艺术家、文化领导人、教育家、创造性思维学者及决策学家等，并在艺术方面取得了骄人的成绩。超过 14000 名学生毕业于 OCAD，并且投身于视觉艺术的多个层面。OCAD 的校友中有加拿大顶级的艺术家和设计专家，其中包括 Jonathan Crinion、Myfanwy Ashmore、Barbara Astman RCA、Yank Azman、Floria Sigismondi, Michael Snow、Don Watt 等。安大略艺术设计学院比国内任何一所同类院校在视觉艺术及设计方面都更具有深度。该大学将以工作室为基础的学习与批判取向研究结合起来，实现了独一无二的学习环境。可授予学士学位、硕士学位，开设课程主要有：广告学、图形设计、环境设计、工业设计、制图与绘画、印刷学、材料艺术及设计等。

<table>
<tr><th colspan="4">安大略艺术设计学院</th></tr>
<tr><th colspan="4">本科录取要求</th></tr>
<tr><td>语言成绩</td><td>雅思 6.5 分或者托福（IBT）80 分</td><td>截止日期</td><td>2 月 1 日</td></tr>
<tr><td>作品集</td><td colspan="3">对于需要提交作品集的专业申请者，你的作品集内容应该熟练地表现艺术、设计与媒体等元素。你需要证明你是一个视觉交流者，并且你已经准备好在 OCADU 取得成功。这包括在传统和数字媒体上的实验，或者任何组合。请记住，你的作品集最被校方看重的部分是你的创造思维能力，以及你是否能用不同的媒介将它们表现出来。</td></tr>
<tr><td>申请要求</td><td colspan="3">申请要求：
国内高三在读或高中毕业，平均成绩 75 分。
申请材料：
护照，高中毕业证或高中在读证明，高中成绩单，雅思成绩（或语言在读证明），荣誉证书等相关材料。</td></tr>
<tr><th colspan="4">研究生录取要求</th></tr>
<tr><td>语言成绩</td><td>雅思 7.0 或者托福（IBT）90 分</td><td>截止日期</td><td>2 月 1 日</td></tr>
<tr><td>作品集</td><td colspan="3">当代艺术、设计和新媒体艺术历史 (MA)
研究计划：最多 250 字，清楚地描绘出你的教育或职业背景和你的研究兴趣，可以添加参考书目和插图。写作样本：不超过 20 页，已发表过的文本或手稿形式的文本均可；如果是手稿形式，必须整理和校对过全文。简历：包括一个更新简历的副本。
设计卫生 (md)
设计作品集：申请人必须提交 5 年以内的样本。可以包括视觉工作、分析报告、提案文件等。请选择你最好的作品提交。
包容性设计 (md)
设计作品集：申请人必须提交 5 年以内的样本。需包括软件设计，用户体验设计，分析报告，建议文档，web 应用程序和网站设计。
艺术、媒体和设计领域的跨学科硕士 (MA，MDES&MFA)
作品集要求：申请者需提交至多 15 张静态图片作品。Quicktime 电影或其他视频图像文件长度不应超过三分钟。尽量选择最佳作品。应选择 1 年之内创作的作品。作品集必须附有一份不超过 250 个单词的艺术家 / 设计师声明。</td></tr>
<tr><td>申请要求</td><td colspan="3">申请要求：
全日制四年本科相关专业毕业并获得学位证，平均成绩 80 分。
申请材料：
护照，本科毕业证或在读证明，本科成绩单，雅思成绩，简历，推荐信，个人陈述，荣誉证书等相关材料。</td></tr>
<tr><td colspan="4">申请经验
1. studio 专业类（BFA，BDes) 学位的录取主要取决于你的作品集水准。BA（视觉和批判性研究专业）学位的录取取决于写作样本和你的高中成绩。所有申请者必须提交一份创作大纲，并且必须符合上文中最低入学要求。提交作品集之后（针对申请 BFA，BDes 类专业的学生），申请者可以选择性地参加作品集评估。（主要是在每年 2 月的 OCAD U 的学习周中进行）或者直接提交一份电子版作品集（通过 SlideRoom)。或以相同方式提交你的写作样本（视觉和批判性研究专业 BA）。
2. 所有全职或兼职入学申请的学生必须在安大略艺术设计学院中心提交申请。截止日期是 2 月 1 日，安大略艺术设计学院只提供 9 月份入学，不能申请 1 月入学。如果已经被一个特定的专业录取了，想要换专业的话，可以在第一年的学习中改编主修科目。根据选调生的数量以及评估进行调整。
3. OCAD 是加拿大数一数二的艺术学校，属于特殊大学类。学校旁边就是安大略艺术馆，学校建筑也很有特色。学艺术必须要在多伦多这种大城市，机会多。</td></tr>
</table>

8. 柏林艺术大学美术学院 Berlin University of the Arts

学校性质：公立
官方网址：https://www.udk-berlin.de
院校地址：Berlin, Germany
申请难度：★★★★
语言要求：德语 B2
推荐专业：建筑设计、纯艺术、实验媒体设计
留学费用：9000 ~ 11523 欧元 / 年
平均奖学金：未知
申请截止：4 月 14 日
建校时间：1696

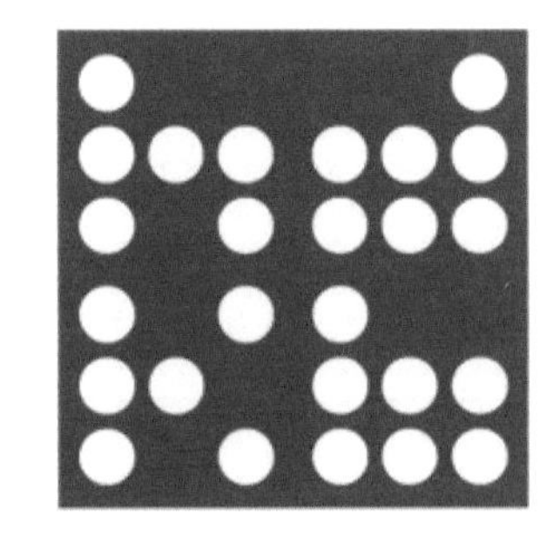

学院概述

柏林艺术大学是德国最著名、规模最大的高等艺术学校，也是欧洲名列前茅的、学科门类最齐全的、在欧洲艺术届占有十分重要地位的艺术院校之一。学校是一所较为古老的高等艺术院校，建校时间可以追溯到 1696 年，是一所德国境内柏林州的公立艺术大学。

学校提供四个方面的学习：美术、设计、音乐和表演艺术。同时学校还提供四十多个与艺术相关的课程供学生进一步学习。学校拥有授予博士和博士后的权利。柏林艺术大学是柏林少有的几个拥有大学资质的艺术院校。大学的每个院校都很出色，教学理念在稳健地发展着，确保柏林艺术大学艺术和艺术理论教育的高标准。

柏林大学每个跟艺术有关的学位都有着悠久的传统。从 1975 年起，不断推陈出新的专业和学院最大限度地优化着相关的资源，并且从现实中的大学发展到网络中的虚拟大学。柏林艺术学院给它的学生们提供了一个早期课程学习平台——为了辨别和拓展自身的见识而去感受其他艺术形式的机会。

柏林艺术大学拥有一支高层次的教师团队，一大批活跃在当今世界艺术舞台上的著名艺术家在该校执教。柏林艺术大学的教学特色体现在“跨专业思考”和“跨学科工作”上，即让不同专业的学生和教师之间进行跨专业、跨学科的紧密合作。这种打破传统构架的现代教学模式既能够拓宽学生原本相对局限的艺术文化视野，又能够开启学生全新的艺术创造思维。

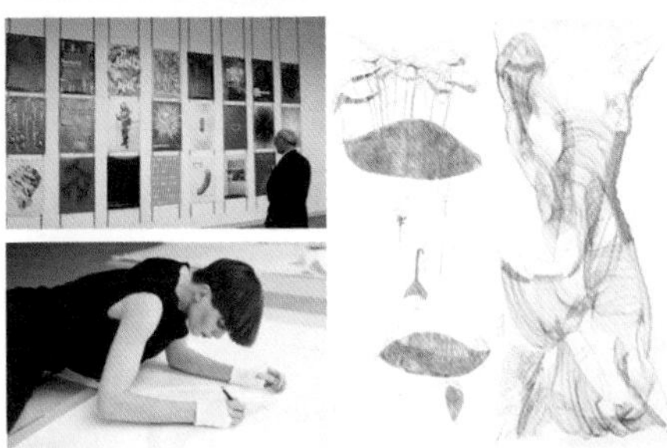

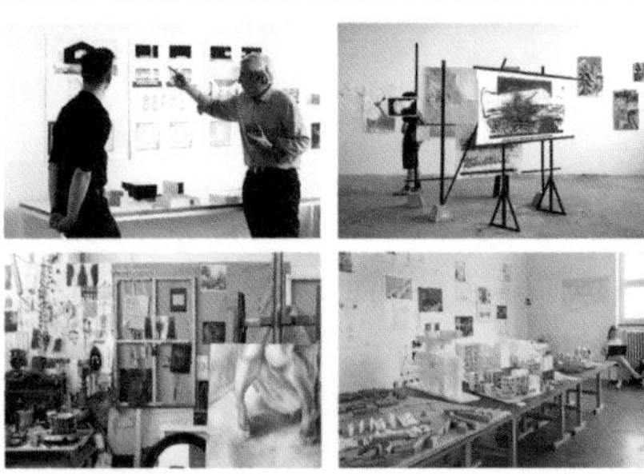

柏林艺术学院有 300 多年的建校历史。柏林艺术学院将艺术与科学有机结合的治学模式，在整个欧洲也是独一无二的，培育出许多优秀艺术人才。柏林艺术学院的校友有：Jorinde Voigt（艺术家）、Antonio Piedade da Cruz（印度雕塑家）、Arnulf Herrmann（作曲家）、Christa Frieda Vogel（摄影师）。

<table>
<tr><th colspan="4">柏林艺术大学美术学院</th></tr>
<tr><th colspan="4">本科录取要求</th></tr>
<tr><td>语言成绩</td><td>德语 B2</td><td>截止日期</td><td>4 月 14 日</td></tr>
<tr><td>作品集</td><td colspan="3">作品集包含最多 20 件作品样本，可以是平面，摄影，印刷作品，绘画，空间，或电影作品，能表现申请者个人技法，兴趣和概念能力。
塑料作品和空间设计以照片形式呈现，补充以草图，不接受模型；可以提交 DVD，包含 2 个以内的作品，每个不超过 60 秒。DVD 必须标记为作品样品。CD-ROM 和互联网应用只接受打印形式。最大格式 A2（42cm×60cm），重量不超过：5kg。</td></tr>
<tr><td>申请要求</td><td colspan="3">申请要求：
凡申请柏林艺术学院的学生，均需具备德语 800 学时的水平（声乐、乐器专业要求 400 学时）。学生在进入柏林艺术学院之前要先进入柏林哈特纳克斯语言学院学习三个月的德语强化课程，通过柏林艺术学院的语言测试及相关专业测试后方可开始专业课程的学习。
1. 相关专业本科在读或大专，本科毕业生。
2. 具有或相当于德国高中学历。 来自中国的申请人为音乐学院正式学生或艺术类中学生，如音乐学院附中 / 普通初、高中生，但有国内相关专业比赛获奖证书者。
3. 年龄一般在 18 岁至 30 岁之间，通过入学考试（一般音乐知识考试 / 主修专业知识考试）。
4. 具有较好的德语水平。
申请材料：
在线申请表（签名）；个人简历；个人陈述；高中毕业证复印件，须通过 uni-assist 的认证；APS 证书；德语知识证明：申请时达到 B2，入学注册时达到 C1。</td></tr>
<tr><th colspan="4">研究生录取要求</th></tr>
<tr><td>语言成绩</td><td>德语 B2</td><td>截止日期</td><td>4 月 14 日</td></tr>
<tr><td>作品集</td><td colspan="3">作品集包含最多 20 件作品样本，可以是平面，摄影，印刷作品，绘画，空间，或电影作品，能表达申请者个人技法，兴趣和概念能力。
最大格式 A2（42cm×60cm），最重不超过：5kg。数字和电影作品可以用链接或 DVD 形式提交。作品集也要包含作品的视觉样品的简短描述，打印形式。</td></tr>
<tr><td>申请要求</td><td colspan="3">申请要求：
凡申请柏林艺术学院的学生，均需具备德语 800 学时的水平（声乐、乐器专业要求 400 学时）。学生在进入柏林艺术学院之前要先进入柏林哈特纳克斯语言学院学习三个月的德语强化课程，通过柏林艺术学院的语言测试及相关专业测试后方可开始专业课程的学习。
1. 相关专业本科在读或大专，本科毕业生。
2. 具有或相当于德国高中学历。 来自中国的申请人为音乐学院正式学生或艺术类中学生，如音乐学院附中 / 普通初、高中生，但有国内相关专业比赛获奖证书者。
3. 年龄一般在 18 岁至 30 岁之间，通过入学考试（一般音乐知识考试 / 主修专业知识考试）。
4. 具有较好的德语水平。
申请材料：
在线申请表（签名）；个人简历；个人陈述；高中毕业证复印件，须通过 uni-assist 的认证；APS 证书；德语知识证明：申请时达到 B2，入学注册时达到 C1。</td></tr>
<tr><td colspan="4">申请经验
凡申请柏林艺术学院的学生，均需具备德语 800 学时的水平（声乐、乐器专业要求 400 学时）。学生在进入柏林艺术学院之前要先进入柏林哈特纳克斯语言学院学习三个月的德语强化课程，通过柏林艺术学院的语言测试及相关专业测试后方可开始专业课程的学习。</td></tr>
</table>

9. 东京艺术大学 Tokyo University of the Arts

学校性质：公立
官方网址：http://www.geidai.ac.jp/
院校地址：12-8 Ueno Park, Taito-ku, TOKYO 110-8714 JAPAN
申请难度：★★★★★
语言要求：日语 N2
推荐专业：雕塑、绘画、陶艺
留学费用：535800 日元 / 年
平均奖学金：未知
申请截止：4 月
建校时间：1887

学院概述

东京艺术大学(Tokyo University of the Arts，日文平假名：とうきょうげいじゅつだいがく)简称“艺大”(げいだい)，是一所校本部位于东京都台东区上野公园的日本艺术类国立大学。其前身是于 1887 年分别创立的东京美术学校和东京音乐学校，1949 年两校合并成为新制东京艺术大学。东京艺术大学的主要目的为培养美术和音乐领域的艺术家，其中音乐学部已培养了许多著名作曲家、演奏家、指挥家，美术学部也诞生了许多著名画家、艺术家、建筑家。

东京艺术大学是日本超级国际化大学计划主要院校之一，是日本国内历史最悠久的艺术类高等学府，也是日本唯一的艺术类国立大学，在日本国内被一致公认为日本最高的艺术家培养学府。东京艺术大学校友包括：坂本龙一（作曲家）、松原弘典（建筑师）、平山郁夫（画家）、东山魁夷（画家）、青沼英二（游戏制作人）、李叔同（画家、音乐家）、贾鹏芳（中国新民乐的奠基人）等。主要校区有：上野校区（东京都台东区上野），取手校区（茨城县取手市），千住校区（东京都足立区千住），横滨校区（神奈川县横滨市中区）。

该校的教育宗旨是：

培养具有世界最高艺术教育水平的艺术家，艺术专业人才辈出的艺术家，艺术领域的教育者、研究者。

促进传统文化的传承和创作新的艺术表现，同时与日本和海外的艺术和教育研究机构等领域进行交流。

促进本领域的充满活力社会形成的重要性认识，公民致力于创造机会熟悉艺术，用艺术为社会做出贡献。

<table>
<tr><th colspan="4">东京艺术大学</th></tr>
<tr><th colspan="4">本科录取要求</th></tr>
<tr><td>语言成绩</td><td>日语N2或以上水平（虽然学校没有明确要求，但是从东京艺术大学的选拔方式来看，没有日语N2水平是不可能被录取的）。</td><td>截止日期</td><td>4月</td></tr>
<tr><td>录取条件</td><td colspan="3">高考成绩、日本留学生试验成绩、推荐信等综合判定。</td></tr>
<tr><td>申请要求</td><td colspan="3">自费外国留学生申请入学，不参加日本大学入学统一考试，须参加日语能力考试、各系里的专业考试及日本留学考试。
必须参加日本留学生考试，学校将根据个别考试、提交的材料和日本留学考试成绩等综合评定。校内考+提交书类+留学生考试成绩等综合判定。
专业中的建筑科·先端艺术表现需要参加日本语、数学、理科或者日本语、数学、综合科目的考试。
专业中的绘画科目日本画专攻、油画专攻、雕刻科、工艺科、设计科、艺术学科的话，需要参加日本语以及综合科目的考试。</td></tr>
<tr><th colspan="4">研究生录取要求</th></tr>
<tr><td>语言成绩</td><td>日语N2或以上水平（虽然学校没有明确要求，但是从东京艺术大学的选拔方式来看，没有日语N2水平是不可能被录取的）。</td><td>截止日期</td><td>4月</td></tr>
<tr><td>录取条件</td><td colspan="3">入学者的选拔要综合该校大学院进行的学力检查（笔试、语言学、实际技巧考试、小论文、口试等）、面试以及申请者提交的材料、作品、论文、文件夹等来判定。
必须参加的考试（包括提交作品等）有一门缺考也没有资格（弄错考试日期的也同样）。</td></tr>
<tr><td>申请要求</td><td colspan="3">1. 拥有硕士学位或者专门技术职务学位的人（包括可能取得学位的人）。
2. 在外国被授予硕士学位或者相当于专门技术职务学位的人（包括可能被授予的人）。
3. 在我国完成在外国学校进行的函授教育的授课科目，被授予硕士学位或者相当于专门技术职务学位的人（包括可能被授予的人）。
4. 完成了外国的大学院的课程、在该国的学校教育制度中被赋予地位的教育设施、文部科学大臣另外指定的课程，在我国被授予硕士学位或者相当于专门技术职务学位的人（包括可能被授予的人）。
5. 文部科学大臣指定的人。
6. 通过个别的入学资格审查，该校大学院认定的具有硕士学位或者拥有与专门技术职务学位同等以上学力，满24岁的人（注：在《学生募集要点》规定日期之前，必须接受事前的申请资格审查）。</td></tr>
<tr><td colspan="4">申请经验
日本留学申请条件中，学历高中毕业，修满12年课程，再根据日本留学生考试以及其他资料判断，留考成绩的要求并不逊于一些国公立大学，最难的就是“根据其他资料判断”这一条。首先就是日语能力这一点，虽然不要求英语成绩，但是日语至少也要达到N2水平，没有上限。虽然不用像考普通类大学一样拼留考成绩，但是艺术生拼的就是硬实力，一切用作品说话，基本功、体力（考试时间长）、作品水平等条件决定你能否顺利被录取。日本留学考试的题目与考题是由你所申请的专业自主出题的，所以随机性非常大，可能考你艺术表现的技法，也可能考你对当代艺术的见解，又可能考你如何用艺术手法解决社会性的课题论文，等等。但除了这些艺术面方向的考试之外还会根据专业的不同，进行数学、日语、物理、化学、生物、社会科学方面的考试，总之涉及面不会像国内艺考那样仅仅是考你素描、速写、色彩就能决定你的出路的。因为留学生和日本考生并没有区别对待，所以竞争异常激烈，因此也被称为“艺术界的东大”，难度可想而知。近些年极少能在东京艺术大学的学部看到中国留学生的出现。
外国留学生的奖学制度：
该校没有单独的以留学生为对象的奖学金。也有学生获得来自民间财团的奖学金，但未必能获得奖学金。为了充实的留学生活，建议在经济上比较宽裕的人申请。</td></tr>
</table>

责任编辑　孙丽英
执行编辑　王　怡
装帧设计　张子悦
版式制作　胡一萍
责任校对　杨轩飞
责任印制　娄贤杰

图书在版编目（ＣＩＰ）数据

设计十六日. 国内外美术院校报考指南 / 沈海泯著
. -- 杭州 : 中国美术学院出版社, 2018.11
ISBN 978-7-5503-1786-4

Ⅰ. ①设… Ⅱ. ①沈… Ⅲ. ①设计学－高等学校－入学考试－自学参考资料 Ⅳ. ①TB21

中国版本图书馆CIP数据核字(2018)第244387号

设计十六日
国内外美术院校报考指南
沈海泯　著

出 品 人　祝平凡
出版发行　中国美术学院出版社
地　　址　中国・杭州南山路218号 / 邮政编码：310002
网　　址　http://www.caapress.com
经　　销　全国新华书店
印　　刷　浙江海虹彩色印务有限公司
版　　次　2018年11月第1版
印　　次　2018年11月第1次印刷
印　　张　22.75
开　　本　889mm×1194mm　1/16
字　　数　300千
印　　数　0001-3000
书　　号　ISBN 978-7-5503-1786-4
定　　价　138.00元（全两册）